Der Wärmeübergang an strömendes Wasser in vertikalen Rohren

Von

Dr.-Ing. Waldemar Stender

Mit 25 Abbildungen im Text

Berlin
Verlag von Julius Springer
1924

ISBN-13: 978-3-642-90431-8   e-ISBN-978-3-642-92288-6
DOI: 10.1007/978-3-642-92288-6

Vorwort.

Vorliegende Arbeit ist der wörtliche Abdruck meiner von der Technischen Hochschule Berlin genehmigten Dissertation. Nicht unerwähnt möchte ich lassen, daß in der Zeit zwischen Niederschrift (1920) und Drucklegung meiner Arbeit die Abhandlung von Latzko in der Zeitschrift für angewandte Mathematik und Mechanik (August 1921 Heft Nr. 4) erschienen ist, welche den Wärmeübergang bei turbulenter Strömung und somit das gleiche Problem behandelt, welches dem Abschnitt II F meiner Arbeit zu Grunde liegt. Die wenigen Seiten, welche ich dieser Frage widmen konnte, werden weiteren Kreisen eine Anleitung an Hand geben, sich in das Problem hineinzufinden, da meine Darstellungsweise dem Anschauungsbedürfnis des Ingenieurs entgegenzukommen sucht.

Ich erfülle gern eine angenehme Pflicht, wenn ich an dieser Stelle denjenigen Firmen, welche meine experimentelle Arbeit unterstützt haben:

die Mannesmann-Röhrenwerke, Düsseldorf, durch kostenlose Lieferung der Präzisions-Stahlrohre,

die Hirsch, Kupfer- und Messingwerke, Berlin, durch kostenlose Lieferung der Messingrohre,

Fa. Gebrüder Körting, Hannover, durch leihweise Überlassung eines Dampfdruck-Reduzierventiles,

meinen besten Dank sage.

Charlottenburg, im September 1923.

Dr.-Ing. W. Stender.

Inhaltsverzeichnis.

Einleitung.

Eine große Bedeutung haben im Maschinen- und Apparatebau jene Vorrichtungen, die dazu dienen, einer strömenden Flüssigkeit Wärme zu entziehen oder derselben Wärme zuzuführen. In der Regel treten beide Fälle gleichzeitig auf: Es findet zwischen zwei strömenden Flüssigkeiten, die durch eine dünne Scheidewand getrennt sind, wie man zu sagen pflegt, ein Wärmeaustausch statt und die der einen Flüssigkeit entzogene Wärmemenge wird der anderen zugeführt. Es vollzieht sich also ein Wärmeübergang von der wärmeren Flüssigkeit an die kältere durch die Scheidewand hindurch. Bei diesem Vorgang haben wir drei Abschnitte zu unterscheiden:

1. Den Wärmeübergang von der wärmeren Flüssigkeit an die erste Oberfläche der Scheidewand,

2. den Wärmedurchgang durch die Scheidewand,

3. den Wärmeübergang von der zweiten Oberfläche der Scheidewand an die kältere Flüssigkeit.

Der Wärmedurchgang durch die Scheidewand ist ein sehr einfacher Vorgang. Er kennzeichnet sich dadurch, daß die durch die eine Oberfläche der Wand zugeführte Wärmemenge durch eine zweite vollständig wieder abgeführt wird. Hierbei behält jedes Element der Scheidewand seine Temperatur dauernd unverändert bei. Der Wärmeinhalt der Scheidewand bleibt konstant.

Nach dem Fourierschen Gesetz gilt die Gleichung

$$(1) \qquad dW = \lambda \cdot \frac{dt}{dv} \cdot dz \cdot F.$$

W ist die übertragene Wärmemenge,

λ ist die Leitfähigkeit des Stoffes,

$\dfrac{dt}{dv}$ ist das Temperaturgefälle rechtwinklig zur Oberfläche,

F ist die Fläche des Wärmedurchgangs,

z ist die Zeit.

Nach der Definition des Wärmedurchganges ist W über die Dicke der Wand konstant. Wenn gleichzeitig $F =$ konst. (ebene

Wand) und $\lambda = \text{konst.}$, so ist auch $\dfrac{dt}{d\nu} = \text{konst.}$ und die übertragene Wärmemenge ergibt sich durch Integration der Gl. (1) zu

$$(2) \qquad W = F \cdot \frac{\lambda}{\delta} (T_1 - T_2) \cdot z.$$

T_1 und T_2 sind hierin die Temperaturen der beiden Oberflächen der Wand, δ ihre Dicke. Aus Gl. (2) ergibt sich die Definition für λ, als einer Zahl, welche angibt, wieviel Wärmeeinheiten durch eine ebene Platte von 1 m Stärke und 1 qm Fläche in 1 Stunde hindurchgehen, wenn zwischen den beiden Oberflächen der Platte 1^0 C Temperaturdifferenz besteht. λ ist für alle Baustoffe genügend bekannt und damit der Wärmedurchgang stets berechenbar.

Viel verwickelter sind auch unter den einfachsten Bedingungen die Vorgänge beim Wärmeübergang. Dieser ist dadurch gekennzeichnet, daß die ganze durch die Oberfläche zugeführte Wärmemenge oder ein Teil derselben in der Flüssigkeit zurückbleibt und nur der Rest durch eine zweite Oberfläche, soweit eine solche vorhanden ist, abgeführt wird. Hierbei ändert jedes materielle Teilchen der Flüssigkeit dauernd seine Temperatur nach einem komplizierten Gesetz in Abhängigkeit von der momentanen Lage des Flüssigkeitsteilchens im Rohr. Der Wärmeinhalt der Flüssigkeit nimmt zu oder ab. Auch für den Wärmeübergang gilt das Fouriersche Prinzip. Seine Anwendung führt auf partielle Differentialgleichungen, die u. a. das Gesetz der Verteilung der Geschwindigkeitskomponenten der Strömung parallel zur Wand und rechtwinklig zu derselben enthalten. Ihre Lösung ist infolgedessen am einfachsten, wenn beide Geschwindigkeitskomponenten $= 0$ sind (beim ruhenden starren Körper) oder wenn die nach der Wand gerichtete Komponente $= 0$ ist, die parallel zur Wand gerichtete aber konstant (bei dem auf der Wand gleitenden starren Körper oder der reibungslos im Rohr strömenden Flüssigkeit). Unmöglich ist die rein rechnerische Behandlung, wenn in der Flüssigkeit Konvektionsströme oder Turbulenz auftreten, da in beiden Fällen das Gesetz der Geschwindigkeitskomponenten nicht angegeben werden kann. Diese Fälle treten aber hauptsächlich in der Praxis auf.

In Anbetracht dieser Sachlage pflegt man den Wärmeübergang an strömende Flüssigkeiten nach der Newtonschen Gleichung darzustellen, welche der Gleichung für den Wärmedurchgang nachgebildet ist. Sie lautet:

Für den Wärmeübergang von der wärmeren Flüssigkeit an die Wand

$$(3) \qquad W = \alpha_1 \cdot F \cdot (t_w - T_1) \cdot z,$$

für den Wärmeübergang von der Wand an die kältere Flüssigkeit

$$(4) \qquad W = \alpha_2 F (T_2 - t_k) \cdot z.$$

Während in der Gleichung für den Wärmedurchgang die beiden Temperaturgrenzen T_1 und T_2 auftreten, werden hier neben den

Temperaturen der inneren bzw. äußeren Rohrwand T_1 und T_2 statt der mittleren Temperatur der Rohrachse, welche der zweiten Temperaturgrenze entsprechen würde, die mittlere Temperatur der Flüssigkeit t_w und t_k in jedem Rohrquerschnitt bzw. im ganzen Rohr eingeführt. Der Wärmeleitzahl λ in Gl. (2) entspricht die Wärmeübergangszahl α, deren Definition sich aus der Gl. (3) bzw. (4) ergibt, als einer Zahl, welche angibt, wieviel Wärmeeinheiten von der Wand an die Flüssigkeit oder umgekehrt in der Zeiteinheit pro qm Wandfläche bei 1^0 C Differenz zwischen der Temperatur der Rohrwand und der mittleren Flüssigkeitstemperatur übergeht. Die Definition enthält keine Angaben über die Form der Wand und keine Angaben darüber, in welcher Entfernung voneinander die beiden Temperaturen T und t_w oder t_k auftreten.

Durch Elimination der Rohrwandtemperaturen aus Gl. (2) bis (4) gelangt man zur Gleichung

$$(5) \qquad W = \frac{F \cdot (t_w - t_k) \cdot z}{\dfrac{1}{\alpha_1} + \dfrac{\delta}{\lambda} + \dfrac{1}{\alpha_2}} = \varkappa \cdot F \cdot (t_w - t_k) \cdot z.$$

Es ist also

$$(6) \qquad \frac{1}{\varkappa} = \frac{1}{\alpha_1} + \frac{\delta}{\lambda} + \frac{1}{\alpha_2}.$$

$\varkappa$ ist derjenige Wert, den der Konstrukteur zur Berechnung und Bemessung der Heizflächen braucht (man pflegt ihn die Wärmedurchgangszahl zu nennen). Er gibt, wie aus Gl. (5) hervorgeht, an, wieviel Wärmeeinheiten bei 1^0 C Differenz zwischen der mittleren Temperatur der wärmeren und kälteren Flüssigkeit pro qm Wandfläche in der Zeiteinheit von der wärmeren an die kältere Flüssigkeit übergehen.

$\varkappa$ ist also ein Maßstab für einen Vorgang, bei welchem der Wärmeinhalt einer Flüssigkeit zunimmt, während derjenige einer zweiten Flüssigkeit abnimmt, und der Wärmedurchgang durch die Scheidewand eine meistens untergeordnete Bedeutung besitzt. Das Wort „Wärmewechselzahl" würde nach meinem Ermessen dem Vorgang besser entsprechen, da das Wesentliche an ihm ist, daß die Wärme ihren Träger wechselt. In Anlehnung an das Wort „Wärmeaustausch" (Apparat) wäre auch das Wort „Wärmetauschzahl" möglich.

Zahlreiche Versuche, die zur Bestimmung von $\varkappa$ ausgeführt worden sind, ergaben, daß $\varkappa$ nicht nur vom Stoff der Flüssigkeit, sondern unter anderem auch wesentlich von der Strömungsgeschwindigkeit derselben abhängig ist, daß aber ein eindeutiges Veränderungsgesetz nicht aufgestellt werden kann. Als Wärmewechselzahl ist $\varkappa$ natürlich von den beiden Wärmeübergangszahlen α_1 und α_2 abhängig, welche von vornherein in keinem Falle als gleich angenommen werden können, deren Änderungsgesetz daher versuchsmäßig einzeln ermittelt werden muß.

Die erste experimentelle Arbeit über dieses Problem wurde 1897 von Stanton (s. L. N. 1) veröffentlicht. Ihr folgte im Jahre 1910 die Arbeit von Soennecken (s. L. N. 2). Beide Arbeiten untersuchen den Wärmeübergang von Wand an Wasser und umgekehrt, in Abhängigkeit von Rohrdurchmesser, Strömungsgeschwindigkeit und Temperaturen, und basieren auf derselben Meßmethode. In bezug auf die Veränderlichkeit von α mit den Temperaturen besteht in den Arbeiten ein prinzipieller Gegensatz. Nach Stanton läßt sich das Änderungsgesetz angenähert wiedergeben durch die Gleichung

$$(7) \qquad \alpha = \text{konst.} \, (1 + 0,004 \, T_i) \, (1 + 0,005 \, t_m),$$

nach Soennecken durch die Gleichung

$$(8) \qquad \alpha = \text{konst.} \, (1 + 0,018 \, T_i) \, (1 - 0,0015 \, t_m).$$

In beiden Gleichungen bedeutet T_i die Temperatur der vom Wasser bespülten inneren Rohrwand, t_m die mittlere Temperatur des Wassers im ganzen Rohr. Es ist also nach Stanton der Einfluß von T_i und t_m annähernd gleichwertig und gleichgerichtet, während nach Soennecken der Einfluß von T_i bei weitem überwiegt und dem Einfluß von t_m entgegengesetzt gerichtet ist. Ein unmittelbarer Vergleich von Versuchswerten mit gleicher Temperatur T_i und verschiedenen Temperaturen t_m oder umgekehrt, auf Grund dessen der Einfluß beider Temperaturen hätte getrennt ermittelt werden können, ist in beiden Arbeiten nicht möglich. Es erfolgte vielmehr die Bestimmung der Einzeleinflüsse mit Hilfe einer weitgehenden Interpolationsmethode. Unter diesen Umständen schien es wünschenswert, die Versuche zu wiederholen und systematisch so durchzuführen, daß ein unmittelbarer Vergleich von Versuchswerten mit gleicher Rohrwandtemperatur und verschiedenen mittleren Wassertemperaturen und damit eine einwandfreie Trennung beider Einflüsse und ihre Bestimmung möglich wurde. Über diese Versuche wird nachstehend berichtet. Ihr Ergebnis war überraschend. Es zeigte sich, daß der mittleren Temperatur des Wassers ein überragender Einfluß auf den Wärmeübergang zukommt, gegen den der gleichgerichtete Einfluß der Rohrwandtemperatur zurücktritt. Da diese Feststellung ebensosehr im Widerspruch mit der allgemeinen Anschauung als mit den von Nusselt (s. L. N. 3 bis 5) entwickelten theoretischen Gleichungen über den Wärmeübergang stand, sah ich mich veranlaßt, eine ausführliche theoretische Untersuchung über die Einflüsse der einzelnen Faktoren auf den Wärmeübergang anzustellen. Ich berichte darüber im zweiten Teil der vorliegenden Schrift. Die Untersuchung bestätigte die experimentell gefundene Gesetzmäßigkeit.

I. Experimentelle Untersuchung.

A. Kurze Beschreibung der Versuchseinrichtung.

Vom Physikalisch-Technischen Laboratorium an der Technischen Hochschule München konnten mir wesentliche Teile der Versuchseinrichtung von Soennecken zur Verfügung gestellt werden; es war daher das Gegebene, diese Einrichtung wieder zu ergänzen und zu den neuen Versuchen zu benutzen. Die Versuche wurden im Jahre 1913/14 im Festigkeitslaboratorium der Technischen Hochschule Charlottenburg ausgeführt, ihre Veröffentlichung wurde bis jetzt durch den Krieg und nachfolgende wirtschaftliche Verhältnisse ver-

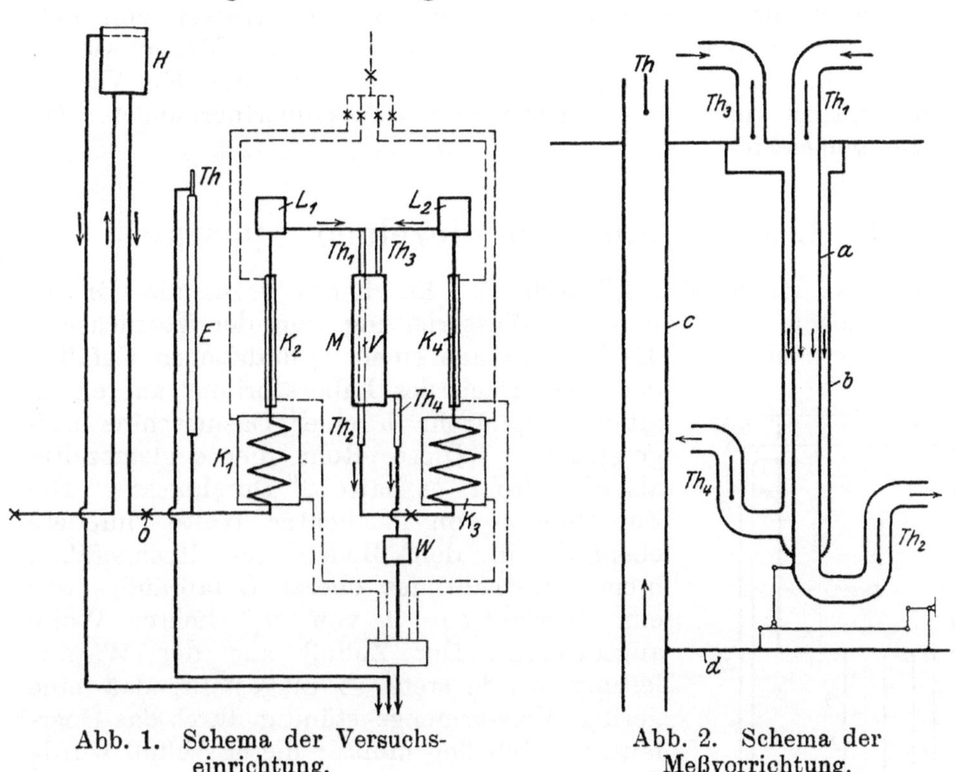

Abb. 1. Schema der Versuchs-
einrichtung.
Abb. 2. Schema der
Meßvorrichtung.

hindert. Herrn Professor Dr. Knoblauch bin ich für liebenswürdige Überlassung der Apparate, Herrn Geheimrat Professor Dr. Eugen Meyer für die Unterstützung, die er meiner Arbeit durch Hergabe seines Laboratoriums zuteil werden ließ, zu tiefstem Dank verpflichtet.

In Abb. 1 ist die ganze Versuchseinrichtung schematisch dargestellt, in Abb. 2 der eigentliche Meßapparat. Das Wasser gelangte aus der städtischen Wasserleitung über ein Hochgefäß H und zwei Heizkörper K_1 und K_2 in das Versuchsrohr V; es wurde derartig vorgewärmt in zwei weiteren Heizkörpern K_3 und K_4 auf höhere Temperatur gebracht und schließlich dem Mantelrohr M zugeführt.

Ein Wassermeßgefäß W mit Standrohr ließ die durch den Apparat strömende Wassermenge beobachten und regeln. Zwei Luftabscheider L_1 und L_2 dienten zur Entlüftung des Wassers. Die Meßvorrichtung selbst bestand (Abb. 2) aus dem Versuchsrohr a, dem Mantelrohr b und dem Extensometerrohr c. Alle 3 Rohre waren — hängend angeordnet — mit ihren oberen Enden zu einem starren Körper vereinigt, konnten sich aber nach unten frei ausdehnen. Das Extensometerrohr wurde durch fließendes Leitungswasser auf konstanter Temperatur gehalten. Die Temperatur des Versuchsrohres wurde aus seiner Längenänderung bestimmt, hierzu diente der am Extensometerrohr befestigte Feinmeßapparat d. Das zum Versuchsrohr konzentrisch angeordnete Mantelrohr bildete mit diesem einen Hohlraum, durch den das Heiz- bzw. Kühlmittel — Wasser von entsprechender Temperatur — in gleicher Richtung und Menge wie im Versuchsrohr floß. Dit Temperatur des ein- und austretenden Wassers wurde mittels vollständig eingetauchter Quecksilberthermometer Th_1 bis Th_4 gemessen.

B. Beschreibung der einzelnen Apparate.

1. Das Hochgefäß H (Abb. 3). Es diente dazu, die Druckschwankungen der städtischen Wasserleitung von der Versuchseinrichtung fernzuhalten. Es bestand aus einem zylindrischen Gefäß a, das über Dach des Laboratoriums auf einem alten Auspuffrohr b einer Gasmaschine aufgesetzt war. Dieses Rohr diente gleichzeitig als Abflußrohr, es hatte $2''$ Durchmesser. Die Zuleitung c von $1''$ lichter Weite mündete ebenfalls in den Boden des Hochgefäßes. 5 cm unterhalb des oberen Gefäßrandes war ein Überlaufrohr d von $^3/_4''$ lichter Weite angeordnet. Der Zufluß aus der Wasserleitung wurde stets so eingestellt, daß eine geringe Wassermenge ständig durch das Überlaufrohr abfließen mußte; dieser Abfluß wurde dauernd beobachtet und gewährleistete die Mindestdruckhöhe. Die höchste Druckhöhe war durch die Oberkante des Topfes gegeben. Die Druckhöhendifferenz von 5 cm bei einer totalen Druckhöhe von ca. 14 m konnte ohne Beeinträchtigung der Versuche zugelassen werden. Vor Beginn des Versuches mußte die abfallende Leitung und das Hochgefäß mit Wasser gefüllt werden, um ein Mitreißen von Luft in den Apparat zu verhindern. Zu diesem Zweck konnte die Rohrleitung in 0 abgesperrt werden (s. Abb. 1).

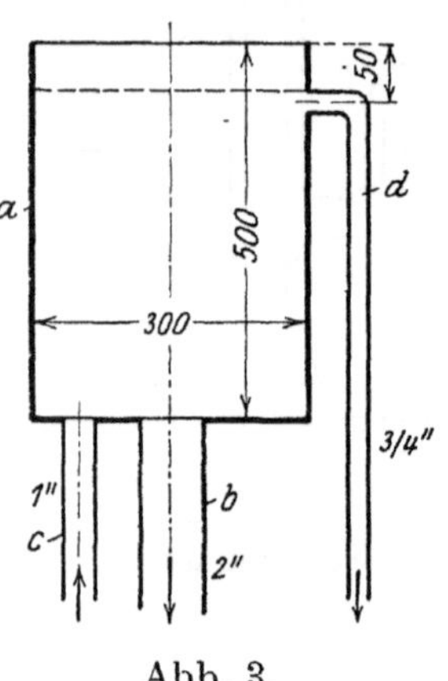

Abb. 3.

2. Die Heizkörper K. Zur Einstellung der gewünschten Wassertemperaturen im Versuchs- und Mantelrohr dienten je eine Heizschlange und ein Heizrohr. Die Heizschlange K_1 hatte ca. 1 qm Heizfläche, die Heizschlange K_3 ca. 0,5 qm Heizfläche, sie waren doppelwandig ausgeführt. Im Innenrohr von 25 mm l. W. floß das Wasser, das Außenrohr bildete den Dampfmantel, welcher mit Dampf von 1 at Überdruck gespeist wurde. Zur feineren Einstellung der Temperatur dienten die ebenfalls doppelwandig ausgeführten geraden Heizrohre von ca. 1,5 m Länge. Das Kondensat aus den Heizkörpern wurde in Kupferröhrchen von 8 mm l. W. abgeführt, welche in einem Gefäß unter Wasser mündeten. Durch diese Maßnahme wurde eine sehr leichte Regulierung der Wassertemperaturen erreicht, da sich je nach Stellung des Dampfeinlaßventiles der Dampfraum mit Wasser füllte und die Heizfläche verringert wurde. Auf eine Isolierung der Heizkörper wurde verzichtet, um die Wärmekapazität der Versuchseinrichtung nicht zu erhöhen und einen schnellen Wechsel der Wassertemperatur zu ermöglichen. Auf diese Weise konnten die gewünschten Wassertemperaturen in beiden Rohren in wenigen Minuten einreguliert werden; fast gleichzeitig stellte sich auch der Beharrungszustand ein.

3. Die Luftabscheider (Abb. 4). Mit zunehmender Erwärmung scheidet das Leitungswasser bei gleichbleibendem Druck eine erhöhte Luftmenge aus; diese mußte abgeführt werden, um das Meßresultat nicht zu beeinflussen. Hierzu wurden Luftabscheider vor dem Eintritt in das Versuchs- und Mantelrohr eingebaut. Diese bestanden aus einem zylindrischen Blechgefäß a, in dessen Hals b eine Glasblase c mit eingeschliffenem Hahn d eingekittet war. In das Gefäß war ein konisch erweitertes Rohr e eingesetzt, dessen unterer Rand mit dem Boden des Gefäßes verschweißt war; der obere erweiterte Rand war mit einem feinen Drahtnetz f überdeckt. Das Wasser trat durch den Boden des Gefäßes in den sich konisch erweiternden Raum ein und wurde durch das Drahtnetz gezwungen, sich über den ganzen Querschnitt zu verteilen und dadurch seine Geschwindigkeit zu verringern. Infolgedessen gewann dadurch die Luft Zeit, sich abzuscheiden und in die Glaskugel zu entweichen. Der Hahn derselben wurde so

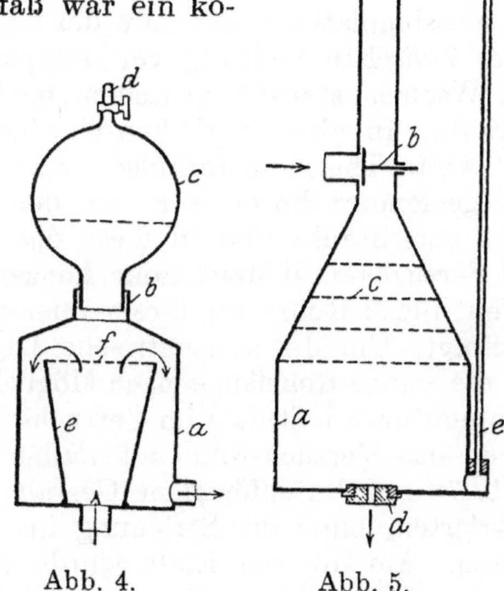

Abb. 4.   Abb. 5.

eingestellt, daß der in der Glasblase sichtbare Wasserspiegel auf konstanter Höhe blieb.

4. Das Wassermeßgefäß (Abb. 5). Es bestand aus einem zylindrischen Topf a mit konischem Oberteil und zylindrischem Hals. In diesem befindet sich ein Drosselventil b zur feinen Einstellung der Wassermenge. Im konischen Teil sind einige Siebe c horizontal angeordnet, die die Aufgabe haben, die Geschwindigkeit des Wassers über den ganzen Querschnitt zu verteilen. Im Boden sind auswechselbare Düsen d vorgesehen. Ein Glasrohr e mit Skala, an der die Druckhöhe abgelesen werden konnte, vervollständigte das Meßgefäß. Die Düsen waren für die Wassermengen von 0,35, 0,227, 0,135 kg Wasser pro Sekunde für die Temperaturen von 10—90° C mittels Wägung der Wassermenge geeicht. Die während der Füllung des Wiegegefäßes auf der Wage verdampfende Wassermenge wurde berücksichtigt. Die Druckhöhe betrug 500—600 mm WS. Gemessen wurde die aus der Versuchseinrichtung austretende Wassermenge.

5. Die Meßvorrichtung (Abb. 6 und 7). An zwei kräftigen Holzbalken von 15×20 cm Querschnitt, die auf dem Zementfußboden aufgesetzt waren und am oberen Ende an einem Deckenträger so geführt wurden, daß sie sich seitlich nicht verschieben, wohl aber in ihrer Längsrichtung frei ausdehnen konnten, waren zwei Konsolen befestigt, auf welchen eine gußeiserne Platte a mit drei Schrauben festgeschraubt war. In dieser Platte war ein Gasrohr C von 2″ l. W. als Extensometerrohr eingeschraubt. Eine kreisrunde Öffnung in dieser Platte wurde von einer runden Messingplatte b überdeckt. In diese war von unten das Versuchsrohr A eingeschraubt und mit Klingerit-Dichtungsring abgedichtet, von oben war konzentrisch mit dem Versuchsrohr eine Thermometerhülse Th_1 eingeschraubt. Die Messingplatte b war mit der vorgenannten gußeisernen Platte a unter Zwischenschaltung von Pappscheiben, die den Zweck hatten, den Wärmeaustausch zwischen beiden Platten zu verringern, verschraubt. In einer seitlichen Gewindebohrung der Messingplatte war die zweite Thermometerhülse Th_3 eingesetzt. Eine weitere Platte d von geeigneter Form war mit der runden Messingplatte b wasserdicht verschraubt und in diese das Mantelrohr B so eingeschraubt, daß Versuchs- und Mantelrohr konzentrisch zueinander waren. Somit waren alle 3 Rohre an ihrem oberen Ende zu einem starren Körper vereinigt. Um die konzentrische Lage von Versuchs- und Mantelrohr für die ganze Rohrlänge nach Möglichkeit zu sichern, und damit die Temperaturverhältnisse im Versuchsrohr axialsymmetrisch zu erhalten, wurde das Versuchsrohr auf halber Länge mit 3 Lötzinnspitzen D (Abb. 7) von linsenförmiger Gestalt versehen, die es im Mantelrohr zentrierten, ohne die Strömung im Mantelrohr wesentlich zu beeinflussen. Am unteren Ende wurde schließlich die Zentrierung durch einen aufgeschnittenen Gummiring E bewirkt, der den Ringraum zwischen Versuchs- und Mantelrohr voll ausfüllte. Dieser Gummiring konnte auf dem Versuchsrohr und im Mantelrohr sowohl gleiten als rollen und daher einer relativen Längenänderung der Rohre keinen Widerstand entgegensetzen. Die Abdichtung zwischen Versuchs- und Mantelrohr am unteren Ende wurde durch einen Gummistulp F von besonderer Gestalt (s. Abb. 7) herbeigeführt, welchem durch einen gehäkelten Strumpf G die nötige Festigkeit gegen inneren Überdruck verliehen wurde. Durch zweiteilige Schellen H wurde dieser Stulp auf Versuchs- und Mantelrohr wasserdicht angepreßt. Auch diese Abdichtung konnte der Längenänderung des Versuchsrohres kein Hindernis bieten. Mit einer Konusverbindung war an das untere Ende des Versuchsrohres ein aus 2 Gasrohrwinkeln bestehendes U-Stück angeschlossen, welches am zweiten Schenkel eine Thermometerhülse Th_2 trug. Ebenfalls durch Vermittlung eines Gasrohrwinkels war am unteren Ende des Mantelrohres eine Thermometerhülse Th_4 befestigt.

Ein Versuch, die 3 Rohre freihängend ohne untere Führung zu be-

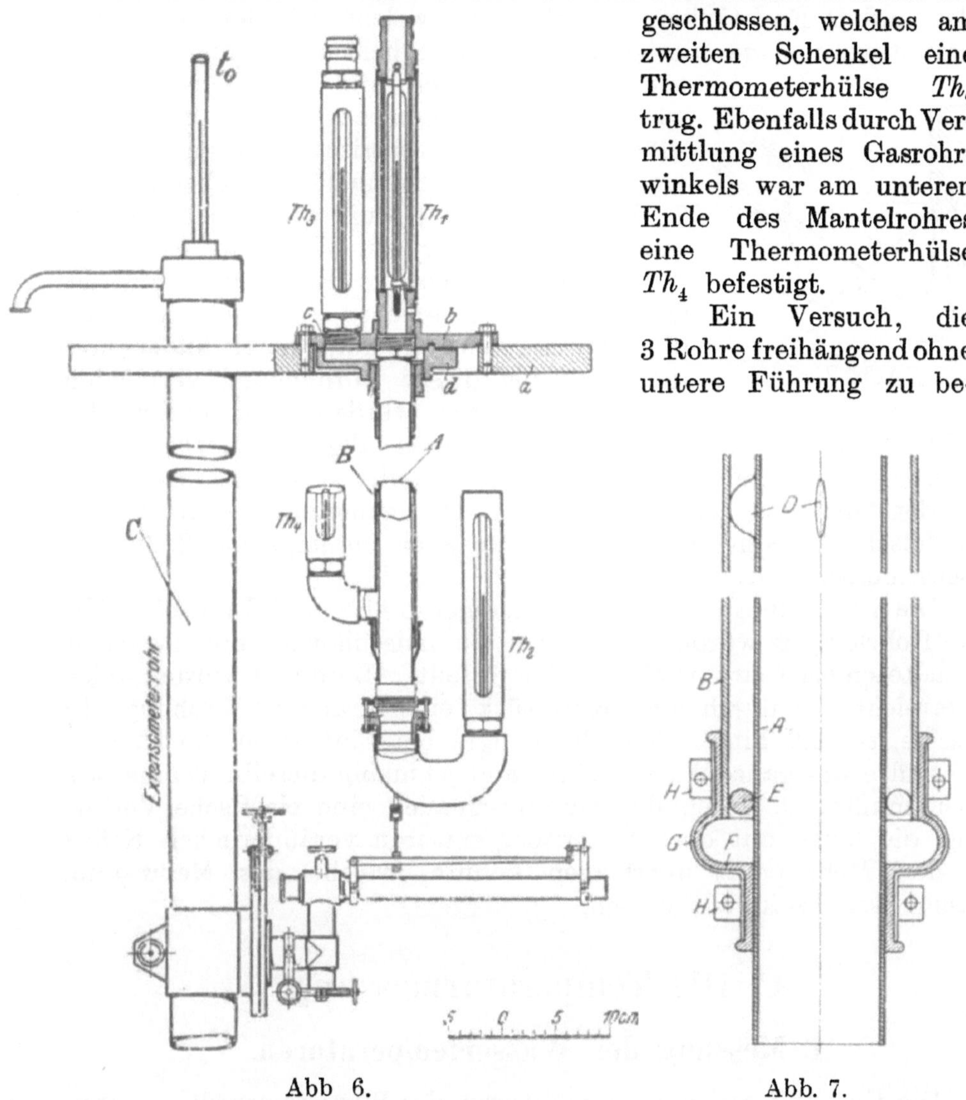

Abb 6.   Abb. 7.

nutzen, offenbarte sofort die Unzulässigkeit einer solchen Anordnung: Es traten Vibrationen auf, welche eine Ablesung der Feinmeßvorrichtung mittels Fernrohr unmöglich machten. Es wurde daher für die unteren Enden der Rohre eine Spitzenführung (Abb. 8, S. 10) angewandt, bestehend aus 4 angespitzten Stäben a und 2 Spanndrähten b mit Schloß c. Die Fußpunkte der Stäbe waren einerseits in Kernlöchern auf dem Extensometerrohr d und Versuchsrohr e eingesetzt, andererseits in Kernlöchern von kleinen Eisenplatten f, die in den Holzbalken g eingelassen waren. Die Vibrationen waren damit vollständig beseitigt und es konnte aushilfsweise sogar ein Martensscher Spiegelapparat zur Feinmessung benutzt werden.

Die Thermometerhülsen Th_{1-4} bestanden aus einem Glasrohr von 20 mm l. W., einer durchbrochenen Schutz- und Verbindungshülse und 2 Endstücken aus Messing, welche mit der Hülse verschraubt wurden und hierbei mittels Gummidichtungsring eine Abdich-

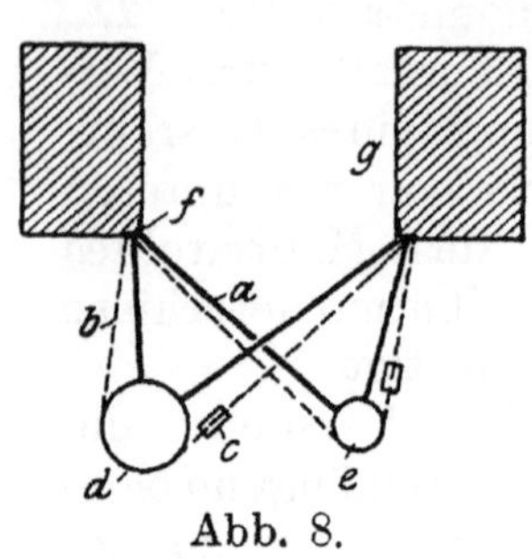

Abb. 8.

tung zwischen sich und dem Glasrohr bewirkten. In dem Glasrohr wurden die Quecksilberthermometer zentrisch gehalten 1. durch einen federnden Klemmhalter am oberen Ende, 2. durch eine Öse am unteren Ende. Letztere war zur Verhütung von Wärmeableitung mit Seidenfäden bewickelt. Ein Druck auf das Quecksilbergefäß, welcher eine Fehlerquelle für die Temperaturbestimmung hätte bilden können, war bei dieser Aufhängung vermieden.

Die Thermometer wurden von hinten beleuchtet und mittels Junkersscher Lupen abgelesen. Die Lupen waren auf der Hülse mittels Feder so gehalten, daß ihre Achse in jeder Höhenlage rechtwinklig zur Thermometerachse blieb und eine falsche Ablesung infolge Parallaxe auch für ungeübte Bedienung ausgeschlossen war.

Die Verbindung zwischen Thermometerhülse und Luftabscheider bzw. Rohrleitung wurde durch zwei Gummischläuche mit zwischengeschalteten Gasrohrkniestücken hergestellt. Hierdurch wurde zweierlei erreicht: 1. durch das Kniestück eine kräftige Mischung des Wassers, so daß hinter demselben, d. h. bei Eintritt in die Thermometerhülse, das ganze Wasservolumen gleichmäßig dieselbe Temperatur haben mußte, 2. durch den Gummischlauch eine elastische Verbindung, die keine mit den Wassertemperaturen veränderlichen Kräfte auf den Meßapparat übertragen konnte, welche das Meßresultat systematisch beeinflußt hätten.

C. Die Temperaturmessung.

1. Messung der Wassertemperaturen.

Die Ein- und Austrittstemperaturen des Wassers wurden mittels vollständig eingetauchter Quecksilberthermometer gemessen. Diese waren von G. A. Schultze, Charlottenburg, geliefert, von der Phys.-Techn. Reichsanstalt geeicht und hatten einen Meßbereich von 0 bis 60° C bzw. von 40 bis 100° C bei einer Teilung von 0,2° C. Ihre ganze Länge betrug 22 cm. Da es durchaus darauf ankam, die mittlere Temperatur des Wassers an den Meßstellen zu ermitteln, wurden umfangreiche Vorversuche gemacht, um festzustellen, ob durch die Gasrohrkniestücke für alle Wassermengen eine genügende Wirbelung und Mischung erzielt wurde. Zu diesem Zweck wurden vor die Kniestücke noch verschiedene Wirbelkammern eingebaut, wie z. B. Hülsen mit paarweise entgegengesetzt gerichteten Flügeln (s. Abb. 9) oder Hülsen mit unter 180° versetzten halben Stirnwänden (s. Abb. 10), welche die Aufgabe hatten, die am Rohrumfang strömenden Wasserteilchen von der Wand abzulösen und der Rohrmitte zuzuführen. Solche Hülsen wurden zunächst in dem Krümmer vor dem Thermometer Th_2 angebracht und beobachtet, ob sich bei gleichen Eintrittstemperaturen t_1 und t_3 im Versuchs- und Mantelrohr in Th_2 eine andere Temperatur mit und ohne Wirbelkammern ergab. Ein Unterschied konnte nicht festgestellt werden, woraus sich ergibt, daß ein Doppelkrümmer von $^3/_4''$ 1. W. bei der Mindestwassermenge von 0,5 cbm pro Std. genügt, um eine vollkommene Mischung des Wassers zu erzielen. In ähnlicher Weise wurde geprüft, ob bereits ein Krümmer vor Th_1 und Th_3 genügt. Zu diesem Zweck wurde das Wasser auf ca. 70° vorgewärmt, um eine möglichst große Temperaturdifferenz von Wasser zu Raumluft

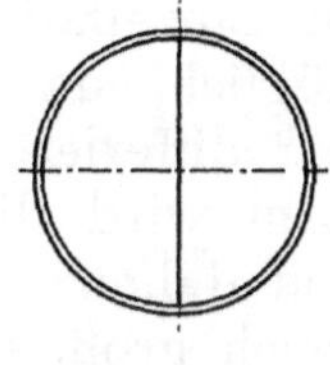

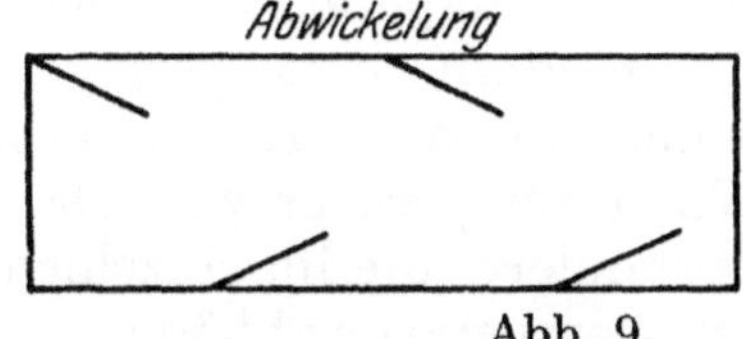

Abb. 9.

und damit möglichst große Temperaturdifferenzen im Querschnitt der Rohrleitung zu erhalten. Auch hierbei erwies es sich, daß bereits mit einem Krümmer eine genügende Wirkung erreicht wird, die durch Einbau einer weiteren Wirbelvorrichtung nicht verbessert werden kann. Da solche gewalttätige Wirbelvorrichtungen ein großes Druckgefälle verzehren und die durch

Abb. 10.

den Apparat zu bringende Wassermenge beschränken, wurden sie bei den Hauptversuchen nicht benutzt.

Wenn somit auch feststeht, daß das Wasser in die Thermometerhülsen Th_1 und Th_3 vollkommen gemischt, d. h. mit über den ganzen Querschnitt der Thermometerhülse gleicher Temperatur eintrat, so folgt daraus noch nicht, daß es auch mit vollkommen gleicher Temperatur an das Quecksilbergefäß der Thermometer gelangte. Es ist vielmehr sicher anzunehmen, daß auf dieser Strecke von ca. 25 cm Länge, obwohl Glas ein schlechter Wärmeleiter ist, eine Abkühlung des Wassers stattfand, und daß infolgedessen in Höhe des Quecksilbergefäßes Temperaturdifferenzen bestanden haben müssen. Das Thermometer Th_1 mußte daher eine Temperatur anzeigen, die höher war als die mittlere Temperatur im Eintrittsquerschnitt des Versuchsrohres, und zwar um so höher, je höher die mittlere Temperatur des Wassers war, da die Temperaturdifferenzen in Höhe des Quecksilbergefäßes um so größer sein mußten, je größer die Temperaturdifferenz zwischen Wasser und Raumluft war.

Andererseits zeigt auch das Thermometer Th_2 nicht die Temperatur im Austrittsquerschnitt an, obwohl sein Quecksilbergefäß, kurz hinter einem Krümmer liegend, die mittlere Temperatur seines Rohrquerschnitts anzeigt. Als Austrittsquerschnitt muß jener Querschnitt des Versuchsrohres bezeichnet werden, in welchem die Wärmezuführung vom Mantelwasser aus aufhört. Dieser Querschnitt ist durch den zentrierenden Gummiring gegeben, welcher den ganzen Ringquerschnitt des Mantelrohres ausfüllt. Von hier aus bis zum Quecksilbergefäß des Thermometers hat das Wasser ca. 35 cm Weg zurückzulegen und trotz sorgfältigem Wärmeschutz Gelegenheit zur Abkühlung. Daher muß das Thermometer Th_2 eine geringere Temperatur anzeigen als im Austrittsquerschnitt tatsächlich vorhanden ist, und zwar um so geringer, je höher wiederum die Wassertemperatur ist.

Diese beiden Fehler summieren sich und kommen zunächst dadurch zum Ausdruck, daß bei Einstellung gleicher Temperaturen t_1 und t_3 im Versuchs- und Mantelrohr die Temperatur t_2 des Thermometers Th_2 nicht gleich t_1 wurde, sondern stets geringer war. Die Differenz $t_1 - t_2$ nahm mit zunehmender Wassertemperatur von 0 bei ca. 20^0 auf $0{,}08^0$ C bei 70^0 Wassertemperatur zu. Da dieser Meßfehler sich aus zwei Meßfehlern summiert, die im einzelnen nicht bekannt sind und beide von der Wassertemperatur abhängen, so war im Einzelfall eine einwandfreie Berichtigung dieses Meßfehlers nicht möglich, da die Wassertemperaturen von Ein- und Austritt bis zu 30^0 differieren. Bei Darstellung der Versuchsergebnisse in Kurvenform wird dieser Meßfehler aber deutlich sichtbar und eliminiert sich daher von selbst. Bei Abkühlung und Erwärmung ist der Fehler gleich groß, macht sich aber im entgegengesetzten Sinne bemerkbar (vgl. S. 28).

2. Bestimmung der Temperatur der inneren Rohrwand.

Die Temperatur der inneren Rohrwand T_i wurde aus der Längenänderung des Versuchsrohres bestimmt, indem die relative Verschiebung je eines Punktes am Versuchs- und Extensometerrohr gegeneinander gemessen wurden. Voraussetzung für diese Messung ist, daß 2 weitere Punkte am Versuchs- und Extensometerrohr dauernd in einer Horizontalebene bleiben, und daß die Temperatur des Extensometerrohres jederzeit bekannt ist. Letztere Bedingung war erfüllt, da die Temperatur des aus dem Extensometerrohr austretenden Kühlwassers gemessen wurde und die Temperatur des Rohres dieser gleichgesetzt werden kann. Nehmen wir zunächst an, daß die erste Bedingung ebenfalls erfüllt ist, so kann, indem die Temperatur des Versuchsrohres stark geändert wird, ein Proportionalitätsfaktor zwischen Temperatur des Versuchsrohres und Fernrohrablesung ermittelt werden; mit diesem kann unter Berücksichtigung

der etwa verschiedenen Ausdehnungskoeffizienten von Extensometer-
und Eisenrohrmaterial auch ein genauer Proportionalitätsfaktor für
die Längenänderung des Extensometerrohres mit seiner Temperatur
berechnet und mit diesem die Fernrohrablesung bei veränderlicher
Temperatur des Extensometerrohres berücksichtigt werden.

Mit dieser Berichtigung wurde die Eichung des Extensometers
bei jedem Versuch vorgenommen. Zu diesem Zweck wurde im Ver-
suchs- und Mantelrohr die gleiche Eintrittstemperatur hergestellt.
Wenn keine Abkühlungsverluste vorhanden gewesen wären, hätten
auch die Austrittstemperaturen den Eintrittstemperaturen gleich sein
und das Rohr selbst dieselbe Temperatur haben müssen. Es hätte
also sein müssen $t_1 = t_2 = t_3 = t_4 = T$, wenn T die Temperatur des
Versuchsrohres bedeutet. Wie oben bemerkt, wurde infolge von Ab-
kühlungsverlusten die Eintrittstemperatur des Wassers zu hoch, die
Austrittstemperatur aber zu niedrig gemessen. Infolgedessen konnte
die wahre Wassertemperatur in jedem Rohr dem arithmetischen
Mittel aus den Ein- und Austrittstemperaturen gleichgesetzt werden.
Da es ferner nicht immer möglich war, die Eintrittstemperatur in
beiden Rohren absolut gleich einzustellen, so wurde für die Rohrtemperatur das arithmetische Mittel aus den vier abgelesenen Wassertemperaturen eingesetzt. Ein Vergleich dieser Rohrtemperaturen mit
den gleichzeitigen Fernrohrablesungen ergab nach der Berichtigung
auf gleiche Temperatur des Extensometerrohres die Eichkurve des
Extensometers. Die Eichung mußte bei Wiederholung die gleichen
Werte ergeben, wenn keine Nullpunktsverschiebung eingetreten war,
d. h. wenn ein weiteres Punktpaar auf Extensometer und Versuchsrohr in gleicher horizontaler Ebene geblieben war. Dieses zweite
Punktpaar sind die mit der gemeinsamen Grundplatte verbundenen
oberen Enden von Versuchs- und Extensometerrohr oder die Grundplatte selbst. Bedingung für die Unveränderlichkeit des Nullpunkts
war also, daß die Grundplatte ihre Gestalt während des Versuchs
nicht änderte. Diese Bedingung ist im allgemeinen unerfüllbar in
Anbetracht der wechselnden Temperatureinflüsse, denen die Platte
trotz aller Vorsichtsmaßnahmen, die einen Wärmeaustausch zwischen
ihr und der Messingplatte möglichst verhindern sollten, unterworfen
war. Diese Vorsichtsmaßnahmen konnten nur den Grad und die
Geschwindigkeit des Wärmeaustauschs verringern, ein Verwerfen der
Platte aber nicht ausschließen. Da die Unveränderlichkeit des Nullpunkts somit nicht erreichbar war, mußte seine Veränderung beobachtet und berücksichtigt werden. Es wurde daher zu Beginn des
Versuches der Nullpunkt F_0 für eine bestimmte Rohrtemperatur T_0
festgelegt, nach jeder Temperaturänderung auf die ursprüngliche
Nullpunktstemperatur T_0 zurückgegangen und die Veränderung des
Nullpunkts $(F - F_0)$ bestimmt. Es wurde sodann angenommen, daß
diese Veränderung nur eine Funktion der Zeit sei und durch Interpolation die Verschiebung des Nullpunkts zur Zeit der inzwischen
ausgeführten Messung ermittelt. Ergab es sich hierbei, daß die Berichtigung eine Veränderung des Wertes α um mehr als $1\,^0/_0$ be-

deuten würde, so wurde der Versuch als unbrauchbar ausgeschieden.

Die nach der Eichkurve bestimmte Rohrtemperatur war die mittlere Temperatur des ganzen Rohrmaterials. Während das Rohr aber bei der Eichung seiner ganzen Länge L' nach einschließlich Konusverschraubung am unteren Ende und Winkelstück nur eine Temperatur T', und zwar die des Mittelwerts aus den 4 gemessenen Ein- und Austrittstemperaturen t_1 bis t_4 haben konnte, ist das in allen Fällen, wenn die Temperaturen in Versuchs- und Mantelrohr nicht gleich sind — also bei den Wärmeübergangsversuchen selbst — nicht der Fall. Hier hat das Rohrmaterial auf der beiderseits von strömendem Wasser berührten Länge $L = 191$ cm die mittlere Temperatur T, auf der übrigen Länge $L' - L$ bis zum Angriffspunkt des Extensometers aber die Temperatur des aus dem Versuchsrohr austretenden Wassers t_2 bei Strömung abwärts, des in das Versuchsrohr eintretenden Wassers t_1 bei Aufwärtsströmung.

Bezeichnet man mit ξ einen Proportionalitätsfaktor, mit T_0 die Nullpunktstemperaturen und mit F_0 den dieser Temperatur entsprechenden Wert der Fernrohrskala, mit T' die dem Skalenwert F bei der Eichung entsprechende Temperatur des Rohres, mit T aber die Temperatur der beiderseits von strömendem Wasser berührten Rohrlängen L während des Versuchs, so bestehen die zwei Gleichungen:

Bei der Eichung

$$(9) \qquad F - F_0 = \xi (T' - T_0) L'$$

beim Versuch

$$(10) \qquad F - F_0 = \xi (T - T_0) L + \xi (t_2 - T_0)(L' - L), \quad \text{bzw.}$$

$$(10a) \qquad F - F_0 = \xi (T - T_0) L + \xi (t_1 - T_0)(L' - L).$$

Mit der Substitution

$$(11) \qquad T_0 = (T_0 - t_1) + t_1$$

ergibt sich aus den Gl. (9) und (10)

$$(12) \qquad T - t_1 = (T' - t_1)\frac{L'}{L} - (t_2 - t_1)\frac{L' - L}{L}$$

bei Strömung abwärts, aus Gl. (9) und (10a)

$$(12a) \qquad T - t_1 = (T' - t_1)\frac{L'}{L}$$

bei Strömung aufwärts.

Für die Ausführung der Berichtigung ist es bequemer, ferner zu substituieren

$$(13) \qquad t_2 - t_1 = (T' - t_1) - (T' - t_2).$$

Diese Substitution ergibt die Berichtigung $\varDelta T$:

$$(12b) \qquad \varDelta T = (T - t_1) - (T' - t_1) = (T' - t_2)\frac{L' - L}{L}$$

für abwärts strömendes Wasser,

$$(12\,\mathrm{c}) \qquad \varDelta T = (T - t_1) - (T' - t_1) = (T' - t_1)\frac{L' - L}{L}$$

für aufwärts strömendes Wasser.

Aus den Längen L' und L ergibt sich $\dfrac{L' - L}{L} = 0{,}07$.

Aus der so ermittelten mittleren Rohrtemperatur konnte die mittlere Temperatur der inneren Rohrwand nach den Gesetzen der Wärmeleitung berechnet werden.

D. Allgemeiner Versuchsplan und Richtlinien.

Mit der Versuchseinrichtung konnten alle für den Wärmeübergang in Frage kommenden Faktoren mit Ausnahme von Rohrlänge und Neigungswinkel studiert werden.

Der Einfluß des Rohrmaterials konnte an zwei Materialien Stahl und Messing,

der Einfluß des Rohrdurchmessers an je einem Rohr von 17 und 28 mm l. W. aus den beiden Rohrmaterialien bestimmt werden.

Zum Studium des Einflusses der Strömungsgeschwindigkeit wurden die Wassermengen von . . . 0,35   0,227   0,135 kg/sek benutzt, welche die Geschwindigkeit von 1,545   1,00   0,595 m/sek bzw. 0,57   0,37   0,22   m/sek in den Rohren von 17 bzw. 28 l. W. ergaben.

Durch Austausch der Rohranschlüsse konnte die Richtung des Wärmeüberganges, von Wand an Wasser und von Wasser an Wand geändert werden.

Durch einen geringen Umbau (Einbau eines doppelten Kniestücks in S-Form zwischen Thermometerhülse Th_1 und Versuchsrohr) und Austausch der Rohranschlüsse, konnte die Strömungsrichtung geändert und ihr Einfluß untersucht werden.

Das Hauptgewicht der Untersuchung lag auf der Feststellung des Einflusses der Temperaturen, und zwar zunächst auf der Trennung des Einflusses der Rohrwandtemperatur und der mittleren Wassertemperatur, ferner auf der Feststellung, ob der Einfluß beider Faktoren von anderen Faktoren, wie Strömungsgeschwindigkeit, Rohrdurchmesser, Richtung der Strömung und des Wärmeüberganges abhängig wäre. Es wurde daher bei der Veränderung je eines dieser Faktoren stets nach Möglichkeit das ganze zugängliche Temperaturgebiet von 10 bis 70° C mit Versuchsdaten belegt.

Die Tabelle 1, S. 16, gibt eine Übersicht über sämtliche Versuche.

Bei allen Versuchen wurde streng darauf geachtet, daß die Betriebsverhältnisse genau gleich blieben und der Beharrungszustand jedesmal erreicht war. Die Gleichheit der Betriebsverhältnisse wurde dadurch zu erreichen gesucht, daß peinlich auf genaue Lage der Dichtungen an Thermometerhülsen und Versuchsrohr geachtet wurde.

Tabelle 1.

Rohrmaterial	Lichte Weite mm	Länge mm	Strömungs-geschwin-digkeit m/sek	Eintritts-Temperatur ⁰ C	Strö-mungs-richtung	Richtung des Wärme-überganges
Messing	17	191	1,545 1,00 0,595	12, 19, 23, 40, 55, 70	abwärts	von Wand an Wasser
dgl.	17	191	1,545 0,595	12, 19, 23, 70	aufwärts	dgl.
dgl.	17	191	1,545 0,595	40, 55, 70	abwärts	von Wasser an Wand
Stahl, blank .	17	191	1,545 0,595	12, 25, 40, 70	abwärts	von Wand an Wasser
Messing	28	191	0,57 0,37 0,22	12, 25, 40, 70	abwärts	von Wand an Wasser
dgl.	28	191	0,57 0,37 0,22	15, 25, 40	aufwärts	dgl.
Stahl, blank .	28	191	0,57 0,37	15, 25	abwärts	von Wand an Wasser
Stahl, verrostet	17	192	1,545 0,595	25	abwärts	von Wand an Wasser

Das Dichthalten der Dichtungen am oberen Ende des Versuchsrohres wurde nach jedem Zusammenbau nachgeprüft, indem das Versuchs-rohr vor Aufsetzen des Gummistulps dem vollen Wasserdruck aus-gesetzt wurde. Um Ansetzen von Kesselstein in größeren Mengen zu verhüten, wurden die Rohre nach jeder Versuchsreihe, d. h. alle 2 bis 3 Stunden, mit einem Wischstock trocken ausgerieben. Besonders notwendig war die gründliche Reinigung der Eisenrohre, welche be-reits nach dieser kurzen Betriebszeit eine Rostbildung in den Riefen zeigten. Durch die gründliche Reinigung und trockne Aufbewahrung wurden die Rohre dauernd blank erhalten. Die Konstanz der Strö-mungsgeschwindigkeit war durch das Hochgefäß gewährleistet; bei Änderung der Temperaturen wurde die Druckhöhe mittels des Drossel-hahns am Wassermeßapparat nach einer Eichkurve eingestellt.

Der Beharrungszustand wurde als erreicht angesehen, wenn an den Thermometern und dem Extensometer keine Änderung mehr beobachtet wurde. Eine Kontrolle ergab sich nachträglich dadurch, daß für jeden Versuchswert 10 Ablesungen hintereinander gemacht wurden. Wiesen diese Ablesungen fallende oder steigende Tendenz auf, so wurde der Versuch als unbrauchbar ausgeschieden.

Die Ablesungen wurden an allen Meßstellen auf Kommando gleichzeitig vorgenommen. Es waren vorhanden ein Beobachter für die oberen Thermometer Th_1, Th_3 und die Temperatur des Extensometerrohres, ein Beobachter für die zwei unteren Thermometer Th_2 und Th_4, ein Beobachter für Fernrohrablesung und Druckhöhe am Wassermesser. Die in $0,2^0$ C geteilten Thermometer wurden auf $0,02^0$ C abgelesen. Diese möglichst hohe Genauigkeit wurde vorgeschrieben, um die Gehilfen zu erhöhter Aufmerksamkeit anzuregen. Die Mittelwertbildung ergab Werte in $0,01^0$ C. Obwohl die Eichung der Thermometer von der PTR. nur auf $0,05^0$ C Genauigkeit erfolgt war, wurden diese die Meßgenauigkeit übertreffenden Werte in die Tabellen eingetragen, da es sich bei der Auswertung der Messungen stets um Temperaturdifferenzen und ihre Quotienten handelt; eine Abrundung auf $0,05^0$ C hätte unter Umständen eine Einführung von Fehlern von $\mp 0,05^0$ C bedeutet, welche bei einer Temperaturdifferenz von z. B. nur 1^0 C einen Fehler von $\pm 5^0/_0$ bewirken und sich unter Umständen zu den Ablesungs- und Versuchsfehlern addieren mußten.

E. Ausführung der Versuche.

Zweck und Ziel der Versuche war es in erster Linie, den Einfluß der Temperaturen T_i und t_m auf den Wärmeübergang festzustellen. Es galt also, diese Variablen zu trennen, indem eine von beiden konstant gehalten wurde. Es hätte große Schwierigkeiten gemacht, die Temperatur der Rohrwand tatsächlich konstant zu halten und nur die mittlere Temperatur des Wassers zu variieren; es wäre hierzu notwendig gewesen, nicht nur die Eintrittstemperaturen in Versuchs- und Mantelrohr gleichzeitig zu verändern, sondern auch in jedem Falle zu der gewünschten Temperatur der inneren Rohrwand, die mittlere Temperatur des Rohres zu berechnen, welche allein mittels Feinmeßapparat und Fernrohrablesung beobachtet werden konnte. Es wurde daher der versuchstechnisch einfachere Weg beschritten, die Eintrittstemperaturen in das Versuchsrohr t_1 während einer Versuchsreihe konstant zu halten und durch Variation der Eintrittstemperatur des Mantelrohres sowohl verschiedene Temperaturen T_i als t_m zu erhalten. Von Versuchsreihe zu Versuchsreihe wurde die Eintrittstemperatur t_1 verschieden gewählt, z. B. $t_1 = 12^0$, 19^0, 23^0 usw., und die Eintrittstemperatur in das Mantelrohr t_3 in so weiten Grenzen geändert, als es die Verhältnisse zuließen. In den Versuchsreihen mit $t_1 = 12$ bis 40^0 C wurden dabei stets Rohrwandtemperaturen erzielt, die bis weit über 50^0 C hinausgingen, so daß sich aus diesen Reihen zu einer beliebig gewählten Temperatur T_i stets 2 bis 4 Werte t_m mittels Interpolation in ganz engen Grenzen fanden.

Der Verlauf eines Versuches, der stets eine Anzahl Punkte einer Reihe lieferte, ist aus der Tabelle 2 zu ersehen. Jede zweite Ablesung war eine Nullpunktskontrolle. In Spalte 11 ist die Nullpunktswanderung zu übersehen. Die Temperatur des Mantelwassers wurde von Punkt zu Punkt im allgemeinen um 5^0 gesteigert, so daß sich die Rohrwandtemperatur um 3 bis 4^0 C, die mittlere

Tabelle 2.

Datum: 18. 3. 14.   Rohr: Messing, 17 mm l. W.

Betriebsweise: Strömung abwärts, $w = 1{,}322$ m/sec, Wärmeübergang von Wand an Wasser.

1	2	3	4	5	6	7	8	9	10	11	12	13	14	15	16	17	18	19
Zeit	t_1	t_2	t_3	t_4	T''	t_2-t_1	t_0	F'	F_0	ΔF	F	T''	T'_m	T_i	$\dfrac{t_2-t_1}{T_m-t_1}$	β'	$\beta'(t_2-t_1)=T_m-t_m$	t_m
8^{37}	12,01	12,00	12,09	12,02	12,03	—	9,41	16,3	*14,4	0	14,4							
8^{44}	12,02	12,93	17,42	—	—	0,91	9,43	77,9	77,0	(— 0,2)	77,2	14,66	14,78	14,72	0,330	2,495	2,27	12,50
8^{53}	12,03	12,06	12,15	12,11	12,09		9,48	16,8	*14,1	— 0,3								
9^{00}	12,03	13,92	22,68	—	—	1,89	9,46	137,5	137,0	(— 0,1)	137,1	17,28	17,51	17,38	0,345	2,370	4,48	13,05
9^{08}	12,03	12,09	12,16	12,15	12,11	—	9,48	17,3	*14,5	+ 0,1								
9^{14}	17,14	17,14	17,17	17,13	17,14	—	9,50	134,7	134,7	(+ 0,6)	134,1							
9^{27}	12,03	12,05	12,14	12,13	12,08	—	9,51	17,9	*16,2	+ 1,8								
9^{34}	12,03	14,99	28,43	—	—	2,96	9,56	209,2	210,0	(+ 1,8)	208,2	20,34	20,71	20,51	0,341	2,400	7,10	13,60
9^{43}	12,03	12,07	12,16	12,13	12,10	—	9,56	17,8	*16,3	+ 1,9								
9^{50}	12,03	16,20	34,36	—	—	4,17	9,58	284,8	285,8	(+ 2,4)	283,4	23,56	24,07	23.78	0,346	2,350	9,80	14,30
9^{59}	12,07	12,11	12,22	12,17	12,14	—	9,62	19,2	*17,6	+ 3,2								
10^{09}	23,04	23,09	23,02	22,98	23,03	—	9,63	271,5	273,2	(+ 2,8)	270,4							
10^{22}	12,04	12,09	12,16	12,15	12,11	—	9,62	17,8	*16,9	+ 2,5								
10^{30}	12,03	17,54	40,44	—	—	5,51	9,68	361,3	363,6	(+ 2,9)	360,7	26,82	27,47	27,09	0,357	2,275	12,55	15,00
10^{42}	12,07	12,11	12,24	12,18	12,05	—	9,70	16,6	*18,0	+ 3,6								
10^{52}	12,04	12,11	47,58	—	—	7,07	9,77	454,2	457,7	(+ 2,0)	455,7	30,82	31,64	31,16	0,360	2,250	.15,90	15,80
11^{02}	12,03	12,09	12,24	12,17	12,13	—	9,75	14,1	*14,3	— 0,1								
11^{10}	31,31	31,26	31,27	31,20	31,26	—	9,81	462,5	466,5	(+ 0,1)	466,4							
11^{22}	12,00	12,09	12,12	12,07	12,07	—	9,80	12,6	*14,9	+ 0,5								

Wassertemperatur um 1 bis 1,5 ⁰ C änderte. Die Grenzen des Versuches waren entweder durch den Meßbereich der Quecksilberthermometer oder der Fernrohrskala gegeben.

Da eine absolute Genauigkeit naturgemäß nicht zu erzielen war, vielmehr mit abnehmenden Temperaturdifferenzen sich die prozentualen Fehlergrenzen vergrößerten, wurden die gleichen Versuchsreihen u. U. mehrfach wiederholt, um durch Häufung der Versuchswerte wahrscheinliche Mittelwerte zu erlangen. Die Tabellen 6 bis 14 geben nur etwa $^1/_4$ des Versuchsmaterials wieder.

F. Auswertung der Versuche.

1. Berechnung der mittleren Temperaturdifferenz $T_i - t_m$.

Es ist der Wert α zu bestimmen, welcher sich aus der Gleichung

$$(14) \qquad \alpha = \frac{W}{F(T_i - t_m)\,z}$$

ergibt. T_i kann aus T_m*) nach den allgemeinen Regeln der Wärmeleitung in festen Körpern berechnet werden; t_m ist vom Verlauf der Temperaturänderung von t_1 auf t_2 abhängig und erfordert eine besondere Berechnung von Fall zu Fall unter Berücksichtigung der gegebenen Verhältnisse. Um die Betrachtungen zu vereinfachen, denken wir uns die Rohrwand unendlich dünn, so daß $T_i = T$ ist.

Nehmen wir zunächst an, daß α über die ganze Rohrlänge konstant ist und T ebenfalls, so daß $T_m = T = $ konst. ist, so ergibt sich t_m aus den beiden Gleichungen

$$(15/16) \qquad dW = \alpha\,(T - t)\cdot dF\cdot z \qquad \text{und} \qquad dW = G\cdot d\,(T - t)\cdot z.$$

Es findet sich durch Integration in Verbindung mit

$$(17) \qquad W = \alpha\,(T - t_m)\,F\cdot z,$$

$$(18) \qquad T - t_m = \frac{t_2 - t_1}{\ln \dfrac{T - t_1}{T - t_2}}.$$

Wie leicht nachzuweisen ist, kann T aber nur konstant sein, wenn der Wärmeübergang beiderseits der Rohrwand gleich groß ist; dann ist

$$(19) \qquad T = \frac{t_3 + t_1}{2} = \text{konst.} \quad \text{(vgl. Abb. 11a)}$$

Die Versuche zeigen, daß diese Voraussetzung nicht zutrifft. T ist ohne Zweifel mit der Rohrlänge veränderlich, und bekannt ist aus der Messung nur die mittlere Rohrtemperatur T_m, aber weder T_e am Eintritts- noch T_a am Austrittsende. Die Berechnung von t_m kann also nicht von der unbekannten Temperaturdifferenz $T - t$ ausgehen, sondern nur von den bekannten Temperaturdifferenzen $(t_3 - t_1)$ und

---

*) S. Zeichenerklärung S. 24.

20 Experimentelle Untersuchung.

$(t_4 - t_2)$ oder allgemein $(t_w - t_k)$, mithin statt von Gl. (15) und (16) von den zwei Gleichungen

$$(20/21) \qquad dW = \varkappa (t_w - t_k) \cdot dF \cdot z \quad \text{und} \quad dW = G \cdot dt_k \cdot z,$$

wobei sich $\varkappa$ aus Gl. (6) ergibt. Da beiderseits der Rohrwand das gleiche Wassergewicht G strömt, ist

$$(22/23) \qquad dt_w = - dt_k \quad \text{und daher} \quad d(t_w - t_k) = 2 dt_w.$$

Die Integration ergibt

$$(24) \qquad \frac{t_{wm} - t_{km}}{2} = \frac{t_2 - t_1}{\ln \dfrac{t_3 - t_1}{t_4 - t_2}}.$$

Es ist aber

$$(25) \qquad \frac{t_{wm} - t_{km}}{2} = \frac{t_{wm} + t_{km}}{2} - t_{km}.$$

Setzen wir nun

$$(26) \qquad \frac{t_{wm} + t_{km}}{2} = \frac{t_1 + t_3}{2} = \frac{t_2 + t_4}{2} = J,$$

so wird aus Gl. (24)

$$(27) \qquad J - t_{mk} = \frac{t_2 - t_1}{\ln \dfrac{J - t_1}{J - t_2}}.$$

Infolgedessen ist das gesuchte $(T_m - t_m)$ bei Wärmeübergang von Wand an Wasser

$$(28) \qquad T_m - t_m = (J - t_m) + (T_m - J) = (T_m - J) + \frac{t_2 - t_1}{\ln \dfrac{J - t_1}{J - t_2}}$$

und sinngemäß bei Wärmeübergang von Wasser an Wand

$$(29) \qquad t_m - T_m = \frac{t_1 - t_2}{\ln \dfrac{J - t_2}{J - t_1}} - (T_m - J),$$

wobei immer noch vorausgesetzt ist, daß α beiderseits der Wand über die ganze Rohrlänge konstant ist. Der Temperaturverlauf ist also beiderseits der Wand sinngemäß gleich und entspricht einer logarithmischen Linie zwischen den Ordinaten $(J - t_1)$ und $(J - t_2)$. Daraus folgt, daß die Wandtemperatur ebenfalls nach einer logarithmischen Linie verlaufen muß und zwar zwischen den Ordinaten $(T_e - J)$ und $(T_a - J)$. Es werden daher die Temperaturen T_m und t_m im selben Rohrquerschnitt liegen und $(T_m - t_m)$ wird die tatsächliche mittlere Temperaturdifferenz darstellen, d. h.

$$(30) \qquad (T - t)_m = (T_m - t_m) \quad \text{(vgl. Abb. 11 b)}$$

sein.

Ist α_1 und α_2 der Rohrlänge nach derart veränderlich, daß
$$\frac{1}{k} = \frac{1}{\alpha_1} + \frac{1}{\alpha_2} = \text{konst. bleibt, so gelten auch noch Gl. (28) und (29),}$$
jedoch wird die Temperatur der Rohrwand nicht mehr nach einer logarithmischen Linie verlaufen, so daß es fraglich ist, ob Gl. (30) bestehen bleibt (vgl. Abb. 11 c).

Eine genaue Berechnung $(T - t)_m$ wird vollends unmöglich, wenn $\varkappa$ der Rohrlänge nach nicht konstant bleibt, wie es bei den vor-

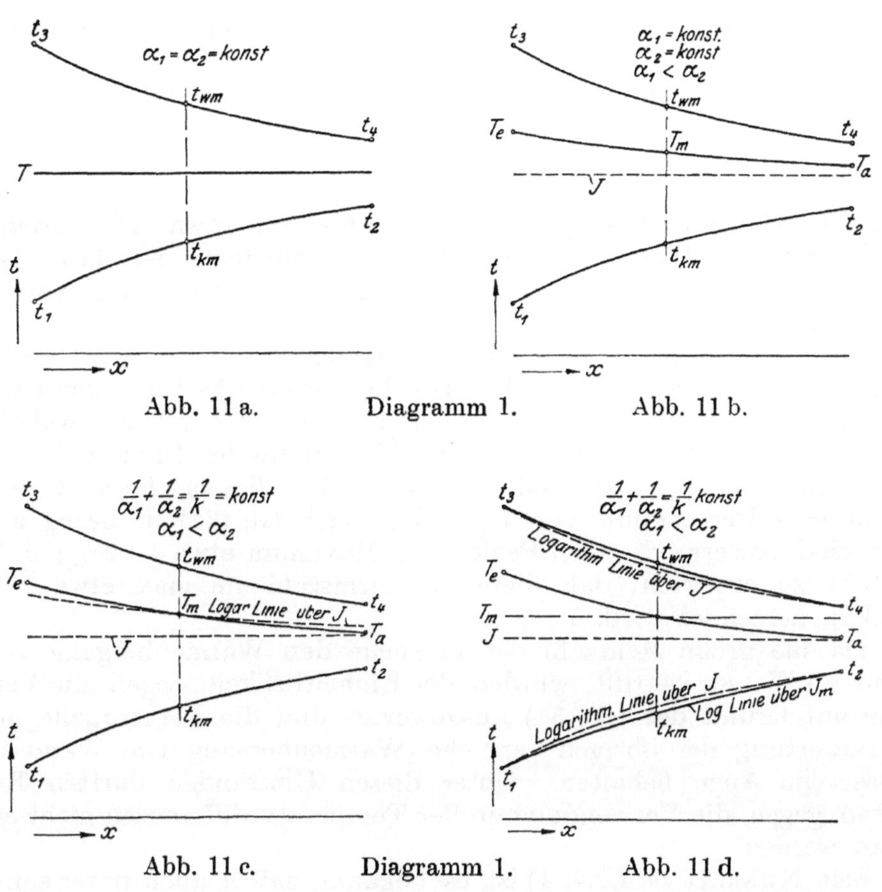

<table>
<tr><td>Abb. 11 a.</td><td>Diagramm 1.</td><td>Abb. 11 b.</td></tr>
<tr><td>Abb. 11 c.</td><td>Diagramm 1.</td><td>Abb. 11 d.</td></tr>
</table>

liegenden Messungen der Fall ist, wo α_1 auf der kalten Seite (Wärmeübergang von Wand an Wasser) stärker zunimmt, als α_2 auf der warmen Seite (Wärmeübergang von Wasser an Wand) abnimmt. Auf beiden Seiten wird zwar der Temperaturverlauf sinngemäß gleich sein, da Gl. (22) bestehen bleibt, doch weicht er mehr oder weniger von der gekennzeichneten logarithmischen Linie ab, und zwar muß die Temperaturkurve im allgemeinen flacher verlaufen, weil $\varkappa$ im Einströmende kleiner ist als im Ausflußende (vgl. Abb. 11 d). Der Temperaturverlauf wird sich angenähert nach einer logarithmischen Linie zwischen den Ordinaten $(m + J - t_1)$ und $(m + J - t_2)$ einstellen, wenn m eine passend gewählte Temperaturdifferenz ist. Da auf der kalten Seite $T_m > J$ ist, so wird bei Wärmeübergang von Wand an Wasser ein angenommener Temperaturverlauf nach einer logarithmischen Linie zwischen den Ordinaten $(T_m - t_1)$ und $(T_m - t_2)$ dem wahren Verlauf vermutlich recht nahe kommen und demnach die Gleichung

$$(31) \qquad T_m - t_m = \frac{t_2 - t_1}{\ln \dfrac{T_m - t_1}{T_m - t_2}}$$

die gesuchte mittlere Temperaturdifferenz mit guter Annäherung ergeben.

Wie Stichproben zeigen, werden die Verhältniswerte

$$(32) \qquad \beta' = \frac{T_m - {}'t_m}{t_2 - t_1}$$

nach Gl. (31) mit $(t_2 - t_1)$ zunehmend bis auf etwa $1\,^0/_0$ größer als die gleichen Werte nach Gl. (28). Die Zunahme ist darin begründet, daß mit der Differenz $(t_2 - t_1)$ die Veränderung von $\varkappa$ zunimmt.

Auf der warmen Seite (Wärmeübergang von Wand an Wasser) ist dagegen $(t_1 - T_m) < (t_1 - J)$. Die logarithmische Linie zwischen den Ordinaten $(t_1 - T_m)$ und $(t_2 - T_m)$ weicht daher vom wahren Temperaturverlauf stärker ab als die logarithmische Linie zwischen den Ordinaten $(t_1 - J)$ und $(t_2 - J)$. In diesem Falle bringt mithin eine Berechnung von $(t_m - T_m)$ nach Gl. (31) in bezug auf die Verhältniswerte β' einen Fehler von Maximum etwa $- 2\,^0/_0$; d. h. es steht zu erwarten, daß diese Verhältniszahl um max. etwa $2\,^0/_0$ zu klein berechnet wird.

Da die große Mehrzahl der Versuche den Wärmeübergang von Wand an Wasser betrifft, wurden der Einheitlichkeit wegen alle Versuche auf Grund der Gl. (31) ausgewertet und die Fehlerquelle bei der Bewertung der übrigen Versuche (Wärmeübergang von Wand an Wasser) im Auge behalten. Unter diesen Umständen dürften Bedenken gegen die Verwendung großer Temperaturdifferenzen nicht erhoben werden.

Seit Nusselt (s. L. N. 4) ist es bekannt, daß α auch unter sonst der Rohrlänge nach unveränderlichen Bedingungen eine Funktion der Rohrlänge ist, und zwar von theoretisch unendlich großen Werten im Einströmende des Rohres nach einer gewissen Rohrlänge auf ein Minimum herabgeht. Es muß also angenommen werden, daß der Temperaturverlauf unter Umständen merklich anders sein wird, als unser Rechnungsgang voraussetzt, und daher auch $(T_m - t_m)$ in Wahrheit andere Werte ergeben muß. In Ermangelung von experimentellen Grundlagen zur Beurteilung der Wirkung dieses Phänomens bleibt uns jedoch nichts anderes übrig, als die Berechnung der mittleren Temperaturdifferenz unter Vernachlässigung der Veränderlichkeit von α mit der Rohrlänge auszuführen.

Wir müssen uns hierbei jedoch dessen bewußt sein, daß wir nunmehr keine absolute Größe für α festlegen, welcher eine strenge physikalische Bedeutung zukommen könnte, sondern lediglich einen Wert bestimmen, der durch nachstehende Gleichungen definiert ist:

$$(33/34) \qquad \alpha = \frac{W}{F(T_{im} - t_m)\,z} \quad \text{und} \quad T_{im} - t_m = \frac{t_2 - t_1}{\ln \dfrac{T_{im} - t_1}{T_{im} - t_2}}.$$

In folgendem schreiben wir nur T_i und verstehen darunter die mittlere Temperatur der inneren Rohrwand.

Nach Gl. 33 ist

$$(35) \qquad \alpha = 3600 \cdot \frac{c\,\gamma\,w\,R}{2\,L} \cdot \frac{t_2 - t_1}{T_i - t_m},$$

wenn c die spezifische Wärme ist. Setzen wir

$$(36) \qquad 3600 \cdot \frac{c\,\gamma\,R}{2\,L} = K,$$

so wird

$$(37) \qquad \alpha = K \cdot w\,\frac{t_2 - t_1}{T_i - t_m}.$$

Hieraus kann gebildet werden

$$.(38) \qquad \beta = \frac{K \cdot w}{\alpha} = \frac{T_i - t_m}{t_2 - t_1},$$

ein Wert, welcher angibt, wie groß die Temperaturdifferenz zwischen Wand und Wasser sein muß, um das Wasser im Rohr zwischen Ein- und Austritt um 1° C zu erwärmen bzw. abzukühlen. Dieser Wert ist für die Auswertung und die Analyse der Auswertung weit bequemer als der Wert α selbst und wir werden daher nur mit ihm operieren. Analog bilden wir

$$(39) \qquad \beta' = \frac{T - t_m}{t_2 - t_1} = \frac{T_i - t_m}{t_2 - t_1} + \frac{T - T_i}{t_2 - t_1},$$

mit genügender Genauigkeit ist

$$(40) \qquad \frac{T - T_i}{t_2 - t_1} = K \cdot w \cdot \frac{\delta}{2\,\lambda},$$

wenn δ die Wandstärke des Rohres ist. Infolgedessen ist

$$(41) \qquad \beta = \beta' - K \cdot w \cdot \frac{\delta}{2\,\lambda}$$

und die jedesmalige Berechnung von T_i aus T erübrigt sich. Die Berechnung von t_m aus T, t_1 und t_2 erfolgt am besten aus einer

$$(42) \qquad \beta' \,\Big|\, \frac{t_2 - t_1}{T - t_1}\text{-Kurve.}$$

Tabelle 2 gibt in Spalte 1—9 die beobachteten, in Spalte 10 bis 19 die berechneten Werte bzw. den Gang der Auswertung an.

Es bedeuten

t_1 die Eintrittstemperatur im Versuchsrohr in ^{0} C,
t_2 die Austrittstemperatur im Versuchsrohr in ^{0} C,
t_3 die Eintrittstemperatur im Mantelrohr in ^{0} C,
t_4 die Austrittstemperatur im Mantelrohr in ^{0} C,
t_0 die Temperatur des aus dem Extensometerrohr austretenden Kühl-
      wassers,
T' die mittlere Temperatur des Rohrmaterials auf der Länge L' in ^{0} C,
T_m die mittlere Temperatur des Rohrmaterials auf der Länge L in ^{0} C,
T_i die mittlere Temperatur der inneren Rohrwand auf der Länge L,
F' die Fernrohrablesung in mm,
F_0 die Fernrohrablesung in mm reduziert auf $t_0 = 9,5$ ^{0} C und
      $*T' = 12,00\,^0$ C,
$\varDelta F$ die Nullpunktsverschiebung in mm, ( ) interpolierte Werte,
F die auf konstanten Nullpunkt und $t_0 = 9,5\,^0$ C reduzierte Fernrohr-
      ablesung.

2. Trennung des Einflusses von T_i und t_m.

Für die Auswertung der Versuche habe ich nach einer Methode gesucht, die nicht auf rein rechnerischem Wege, sondern gewissermaßen augenfällig in graphischer Darstellung die Veränderlichkeit des Wärmeüberganges mit den jeweiligen Versuchsbedingungen zum Ausdruck bringt. Wie der Wert β eine wesentliche Vereinfachung aller Rechnungen bringt, so führt auch seine graphische Darstellung zum gesuchten Ziel.

Im Diagramm 2 sind die β-Werte je einer Versuchsreihe mit Messingrohr 17 ϕ mit den Eintrittstemperaturen $t_1 = 12, 19, 23, 40, 55$ und 70^0 C bei $w = 1,545$ m/sek (vgl. Tabelle 3) in Abhängigkeit von den Temperaturen T_i und t_m dargestellt; für die durch kleine Kreise gegebenen Werte bedeutet die Abszisse „Temperatur der inneren Rohrwand", für die durch Punkte gezeichneten Werte „mittlere Wassertemperatur". Die Werte jeder Versuchsreihe ergeben 2 gebrochene Linienzüge, welche durch vermittelnde Kurven A und B ersetzt werden können. Ein näherer Anhaltspunkt für die Lage und Richtung dieser Kurven ergibt sich daraus, daß sich die A- und B-Kurven in der Abszisse der Eintrittstemperatur schneiden müssen, weil im Schnittpunkt $T_i = t_m$ ist und dieses nur möglich ist, wenn auch $T_i = t_m = t_1$ ist. In diesem Diagramm liegen auf einer Vertikalen: auf den A-Kurven die β-Werte bei gleichem T_i und verschiedenen t_m, und auf den B-Kurven die β-Werte bei gleichem t_m und verschiedenen T_i. Aus gegebenen T_i, t_1 und β läßt sich t_m berechnen. Wir wählen daher $T_i = 50^0$ C und berechnen t_m für die 4 β-Werte bei $t_1 = 12, 19, 23$ und 40^0 C. Es ergeben sich die in Tabelle 4 genannten Werte.

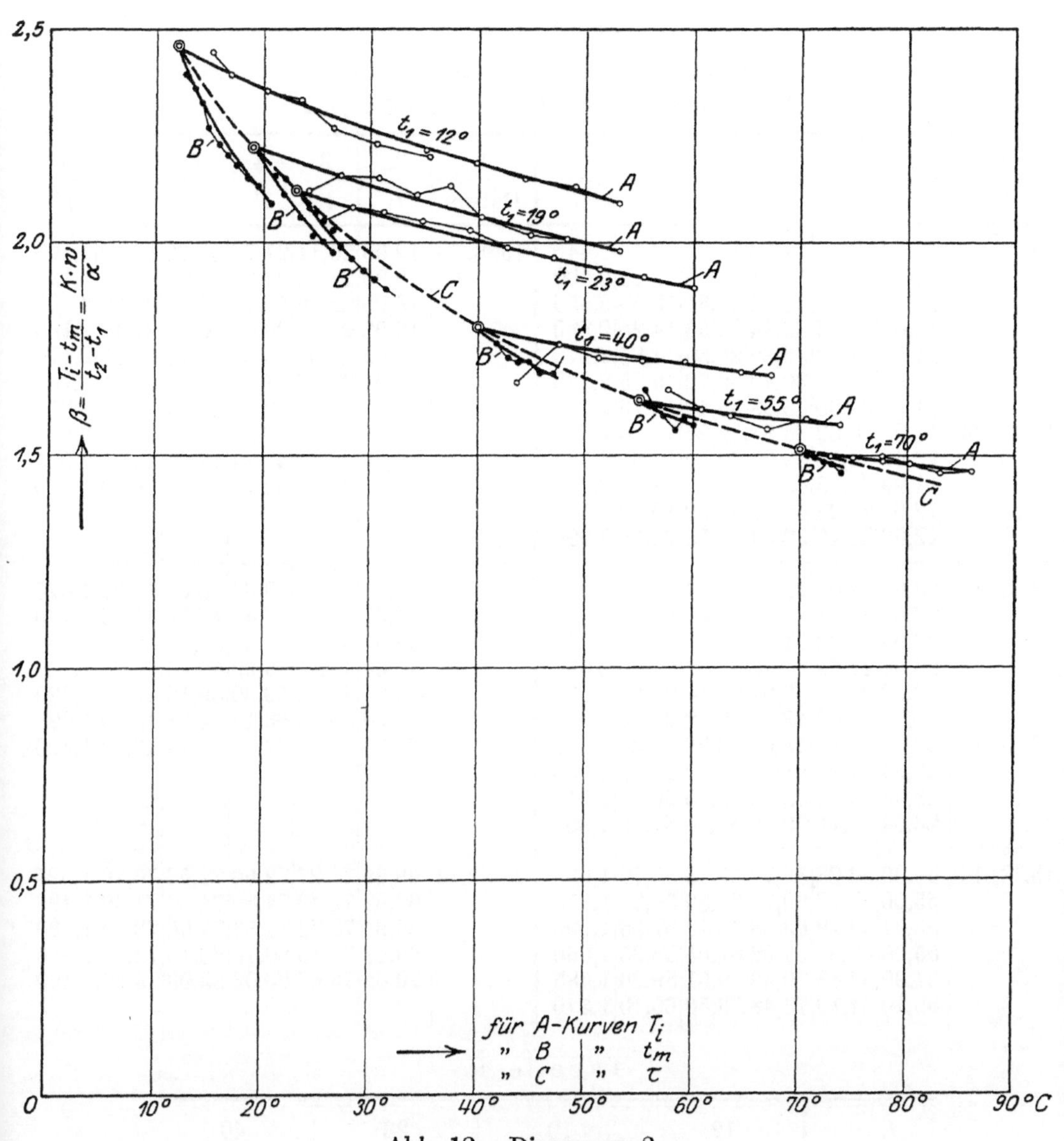

Abb. 12.   Diagramm 2.

Abb. 13.   Diagramm 3.

Tabelle 3.

Auszug aus dem Versuchsprotokoll.

Messingrohr 17 mm ϕ. $w = 1{,}545$ m/sek.

1	2	3	4	5	6	7
Datum	t_1	t_2	T'	T_i	t_m	β'
12. 3. 14	12,02	12,91	14,56	14,61	12,50	2,445
	11,99	13,72	16,84	16,88	12,90	2,400
	11,98	14,93	20,14	20,30	13,55	2,355
	12,03	16,16	23,34	23,56	14,25	2,330
	11,96	17,32	26,32	26,58	14,85	2,270
	11,96	18,93	30,40	30,72	15,75	2,230
	11,97	20,80	35,08	35,48	16,70	2,190
16. 3. 14	11,98	20,69	34,88	35,27	16,70	2,215
	12,02	22,52	39,36	39,82	17,65	2,185
	11,99	24,33	43,78	44,29	18,65	2,150
	12,01	26,28	48,42	48,99	19,70	2,130
	12,03	28,10	52,54	53,15	20,75	2,090
18. 3. 14	23,02	24,06	25,60	25,64	23,60	2,050
	23,09	25,13	28,22	28,30	24,20	2,080
	22,98	26,28	31,24	31,37	24,75	2,070
	23,04	27,74	34,70	34,86	25,60	2,050
	23,08	29,51	38,92	39,14	26,60	2,030
	23,01	31,00	42,38	42,62	27,35	1,990
17, 3. 14	22,95	32,85	46,66	46,96	28,35	1,960
	23,04	34,85	51,08	51,40	29,50	1,935
	23,05	36,66	55,16	55,55	30,55	1,915
	23,04	38,71	59,62	60,00	31,70	1,980
13. 3. 14	55,00	56,28	57,72	57,73	55,70	1,655
	55,00	57,77	60,78	60,80	56,55	1,610
	55,01	59,19	63,68	63,70	57,35	1,595
	55,06	60,91	67,02	67,05	58,35	1,560
	54,99	62,48	70,46	70,51	59,20	1,585
	55,10	64,10	73,48	73,50	60,10	1,570

1	2	3	4	5	6	7
Datum	t_1	t_2	T'	T_i	t_m	β'
13. 3. 14	19,06	20,11	21,72	21,76	19,60	2,105
	19,06	21,05	24,32	24,21	20,15	2,120
	18,99	22,06	27,16	27,29	20,70	2,155
	19,02	23,54	30,62	30,80	21,40	2,150
	19,02	24,90	33,92	34,15	22,10	2,110
	19,01	26,13	37,16	37,44	22,75	2,130
	19,05	27,48	40,04	40,34	23,55	2,055
	19,06	29,04	43,52	43,89	24,65	2,015
	19,06	30,86	47,84	48,21	25,55	2,005
	19,06	33.03	52,80	53,22	26,70	1,980
23. 3. 14	39,94	41,68	43,66	43,68	40,90	1,670
	39,93	43,33	47,47	47,53	41,80	1,760
	39,97	45,11	51,24	51,22	42,80	1,730
	40,00	47,01	55,30	55,40	43,90	1,720
	39,95	48,82	59,30	59,52	44,85	1,720
	39,98	50,72	63,18	64,31	45,90	1,695
	39,99	52,57	67,08	67,24	47,00	1,690
24. 3. 14	69,99	71,27	72,56	72,56	70,70	1,525
	69,92	72,40	74,80	74,80	71,30	1,498
	69,95	73,78	77,56	77,56	72,10	1,500
	69,93	75,13	80,16	80,16	72,85	1,480
	70,02	76,67	83,03	83,03	73,80	1,460

Tabelle 4.

$t_1 =$	12	19	23	40
β	2,12	2,00	1,945	1,755
$\alpha : K w$	0,472	0,500	0,514	0,570
$t_m =$	19,7	26,6	28,8	42,4

Aus der graphischen Auftragung (s. Diagramm 3) findet sich

$$(43) \qquad \frac{\alpha}{K \cdot w} = 0{,}39 + 0{,}0042\, t_m$$

oder

$$(44) \qquad \alpha = \text{konst.} \,(1 + 0{,}011\, t_m).$$

Der weitere Ansatz

$$(45) \qquad \alpha = \text{konst.} \,(1 + b \cdot T_i)\,(1 + c \cdot t_m)$$

ergibt aus der A-Kurve für $t_1 = 12^0$ mit $c = 0{,}011$ $b = 0{,}0017$.

Der Einfluß von t_m überwiegt also bei weitem den gleichgerichteten Einfluß von T_i.

In Diagramm 2 ist eine weitere gestrichelte Kurve C eingetragen. Sie verbindet die 6 Schnittpunkte der A- und B-Kurven und gibt somit die β-Werte für alle Temperaturen, wenn $T_i = t_m$ ist, d. h. bei verschwindenden Temperaturdifferenzen. Von dieser C-Kurve weichen die über T_i aufgetragenen β-Werte mit zunehmender Temperaturdifferenz $T_i - t_m$ nach oben, die über t_m aufgetragenen nach unten ab. Es muß also augenscheinlich eine Temperatur zwischen T_i und t_m geben, bei der die β-Werte in die C-Kurve fallen, und diese Temperatur τ muß aus einer Gleichung

$$(46) \qquad \frac{\tau - t_m}{T_i - t_m} = a$$

bestimmbar sein. Jede Parallele zur Abszissenachse schneidet die A-, B- und C-Kurven in den Werten T_i, t_m und τ. Die Werte $\tau - t_m$ und $T_i - t_m$ sind für verschiedene Ordinatenwerte in Tabelle 5 zusammengestellt.

Tabelle 5.

Ordinate	$\tau - t_m$	$T_i - t_m$	a
2,1	3,6	31,2	0,115
2,0	2,8	26,4	0,115
1,9	3,0	28,0	0,107
1,7	2,4	18,0	0,133

Aus den genannten 4 Werten ergibt sich ein Mittelwert $a = 0,118$. Der gefundene Wert a ist aber augenscheinlich in gewissen Grenzen abhängig von dem Verlauf der C-Kurve, welche im Diagramm 1 in erster Annäherung lediglich um das Prinzip zu zeigen dargestellt wurde. Aus der Gesamtheit aller Versuchswerte des Messingrohres 17 l. W. ergibt sich ein etwas steilerer Abfall der C-Kurven mit zunehmender Temperatur und damit ein etwas kleinerer Wert für a, nämlich $a = 0,1$.

Es wird somit $\tau - t_m = 0,1 \, (T_i - t_m)$, und daraus findet sich die gesuchte Temperatur

$$(47) \qquad \tau = t_m + 0,1 \, (T_i - t_m).$$

Wir wählen fortan die Basis τ zur graphischen Darstellung der Versuchsergebnisse und gewinnen damit

1. eine sehr übersichtliche Form der Darstellung,

2. eine um 1 verringerte Zahl der Variablen und

3. gleichzeitig die Möglichkeit, zu prüfen, ob eine weitere Variable in Frage kommt, z. B. ein Temperaturexponent (s. Josse, L. N. 6).

Ob die Temperatur τ eine reine Hilfstemperatur ist oder ob ihr eine bestimmte Lage im Rohr zukommt, so daß sie als „wirksame Temperatur" bezeichnet werden kann, müssen weitere Untersuchungen, besonders Messungen des radialen Temperaturabfalls im Rohr, ergeben.

G. Der Wärmeübergang im Rohr von 17 mm l. W.

1. Veränderlichkeit von α mit Temperatur und Strömungsgeschwindigkeit.

In Diagramm 4 sind sämtliche Versuchswerte am Messingrohr 17 l. W. (s. Tabellen 6 bis 8) über τ als Basis dargestellt, und zwar sowohl für Erwärmung (durch Kreise gekennzeichnet), als für Abkühlung (durch Punkte gekennzeichnet). Als Ordinate ist in diesem Diagramm der Wert β' (s. Gl. 39) gewählt worden und nicht β, und zwar um den Abstand zwischen den Werten β' gleicher Temperatur bei verschiedenen Geschwindigkeiten zu vergrößern. Die Versuchswerte lassen sich sehr befriedigend durch die eingetragenen C-Kurven wiedergeben. Größere Abweichungen finden sich allerdings bei höheren Temperaturen. Bei Erwärmung erscheint β' in diesen Fällen zu groß, bei Abkühlung zu klein, und zwar um so mehr, je kleiner $T_i - t_m$ wird, oder je weniger sich τ von t_1 unterscheidet. Hier zeigt sich der auf S. 12 erwähnte Meßfehler. Bei Einführung einer Berichtigung des Meßfehlers $\varDelta t$ hätte sein müssen

$$(48) \qquad \beta' = \frac{T_i - t_m}{t_2 - t_1 \mp \varDelta t},$$

wobei das Pluszeichen für Erwärmung, das Minuszeichen für Abkühlung gilt. $\varDelta t$ macht sich also in diesen beiden Fällen im entgegengesetzten Sinne bemerkbar, und zwar um so mehr, je kleiner $t_2 - t_1$ ist. Ist $t_2 - t_1$, z. B. 1^0 C, so ergibt ein Meßfehler von $\varDelta t = 0,08^0$ C einen Fehler von $8^0/_0$, ist aber $t_2 - t_1 = 10^0$, so ergibt der gleiche Meßfehler nur einen Fehler von $0,8^0/_0$, d. h. der Fehler verschwindet mit zunehmender Temperaturdifferenz $t_2 - t_1$ bzw. $T_i - t_m$. Dieser Sachlage wurde beim Eintragen der C-Kurven Rechnung getragen und dadurch der Meßfehler graphisch eliminiert.

Die 3 C-Kurven für $w = 1,545$, $1,00$ und $0,595$ m/sek verlaufen parallel. Daraus geht hervor, daß es nicht möglich ist, α darzustellen als

$$(49) \qquad \alpha = \text{konst.} \, f_1(w) \cdot f_2(T_i, t_m),$$

wie Stanton und Soennecken es angenommen haben. Eine Trennung der Variablen τ und w ist nur in der Form

$$(50) \qquad \beta = A \cdot F_1(\tau) + B \cdot \varPhi_1(w)$$

möglich, wobei A auch $\varPhi_2(w)$ und B $F_2(\tau)$ sein kann. So gibt z. B. die Gleichung

$$(51) \qquad \beta = \frac{1}{0,4\,(1 + 0,0187\,\tau)} + 0,22\,w$$

die drei C-Kurven im Versuchsbereich in einfachster Weise mit genügender Genauigkeit wieder. Andererseits kann α aber auch durch eine Gleichung von der Form

$$(52) \qquad \alpha = \psi(\tau) \cdot w^{\varphi(\tau)}$$

dargestellt werden, wobei $\psi(\tau)$ der Veränderung von α bei $w = 1{,}0$ m/sek. entspricht.

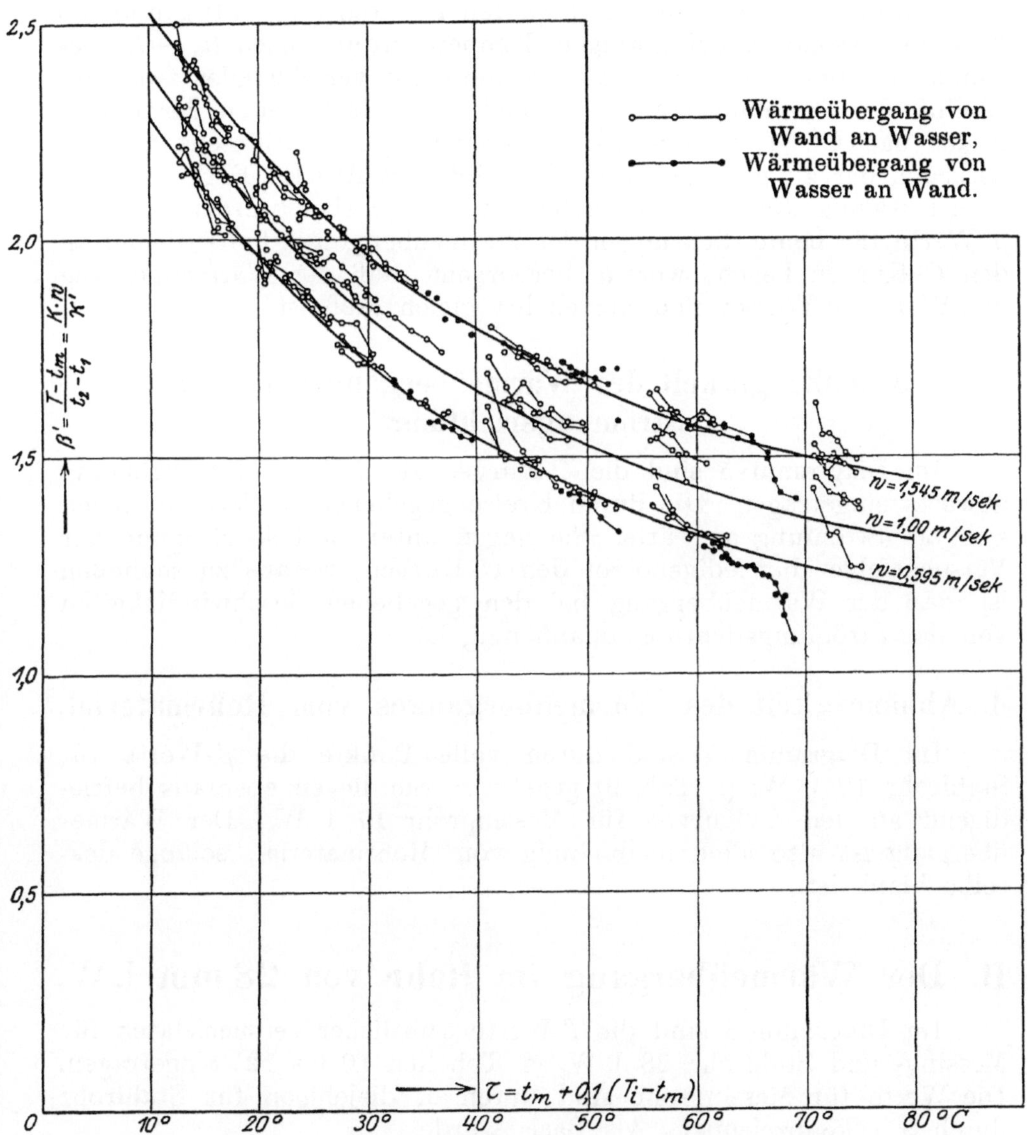

Abb. 14. Diagramm 4. β'-Werte. Messingrohr. 17 l.W. Wärmeübergang von Wand an Wasser und von Wasser an Wand.

2. Abhängigkeit des Wärmeüberganges von der Richtung des Wärmeüberganges.

Im Diagramm 4 sind die β'-Werte für beide Richtungen des Wärmeüberganges eingetragen. Diese Werte sind für den Wärmeübergang von Wasser an Wand bei gleicher Temperatur τ kleiner als in umgekehrter Richtung. Ein Teil dieser Differenz beruht auf Strahlungsverlusten (bei höheren Wassertemperaturen), die rechnerisch nicht einwandfrei berücksichtigt werden konnten (vgl. S. 10), und die β'-Werte besonders bei geringen Temperaturdifferenzen $(t_2 - t_1)$ beeinflussen. Bei großen Temperaturdifferenzen verschwindet zwar der Einfluß der Strahlungsverluste, jedoch wird statt dessen der Fehler in der (nach Gl. 31) berechneten mittleren Temperaturdifferenz $(t_m - T_i)$ wirksam, der zu geringe Werte β' ergibt (vgl. Abschn. F. 1). Bei Berücksichtigung dieser Fehlerquellen muß zugegeben werden, daß die β'-Werte für beide Richtungen des Wärmeüberganges befriedigend an den C-Kurven liegen, woraus hervorgeht, daß der Wärmeübergang von Wand an Wasser und umgekehrt gleich groß ist.

3. Abhängigkeit des Wärmeüberganges von der Strömungsrichtung.

Im Diagramm 5 sind die C-Kurven als β-Werte für Strömung abwärts eingetragen. Die durch Kreise gegebenen β-Werte beziehen sich auf Strömung aufwärts. Sie liegen unter Berücksichtigung der Versuchsfehler befriedigend an den C-Kurven, woraus zu schließen ist, daß der Wärmeübergang bei den gegebenen Geschwindigkeiten von der Strömungsrichtung unabhängig ist.

4. Abhängigkeit des Wärmeüberganges vom Rohrmaterial.

Im Diagramm 5 sind durch volle Punkte die β-Werte für Stahlrohr 17 l. W. (s. Tab. 9) gegeben. Sie liegen ebenfalls befriedigend an den C-Kurven für Messingrohr 17 l. W. Der Wärmeübergang ist also auch unabhängig vom Rohrmaterial, solange dasselbe blank ist.

H. Der Wärmeübergang im Rohr von 28 mm l. W.

Im Diagramm 6 sind die β-Werte sämtlicher Versuchsdaten für Messing- und Stahlrohr 28 l. W. (s. Tabellen 10 bis 12) eingetragen. Die Werte für Messingrohr sind durch o, diejenigen für Stahlrohr durch $\times$ gekennzeichnet. Als Basis wurde

$$(53) \qquad \tau = t_m + 0{,}15\,(T_i - t_m)$$

gewählt, da sich mit diesem Werte $a = 0{,}15$ die Versuchsdaten bei 0,57 m/sek für das Messingrohr bei Strömung abwärts am besten in eine Kurve fügen. Es lassen sich auch nur die Werte für diese

höchste Geschwindigkeit mit genügender Annäherung durch eine
Kurve wiedergeben. Die Werte für $w = 0{,}22$ weichen mit zunehmendem T_i stark nach unten ab, so daß man annehmen könnte, daß
der Einfluß von T_i nicht genügend berücksichtigt ist. Ganz ab-
weichend verhalten sich die Werte bei Aufwärtsströmung, welche

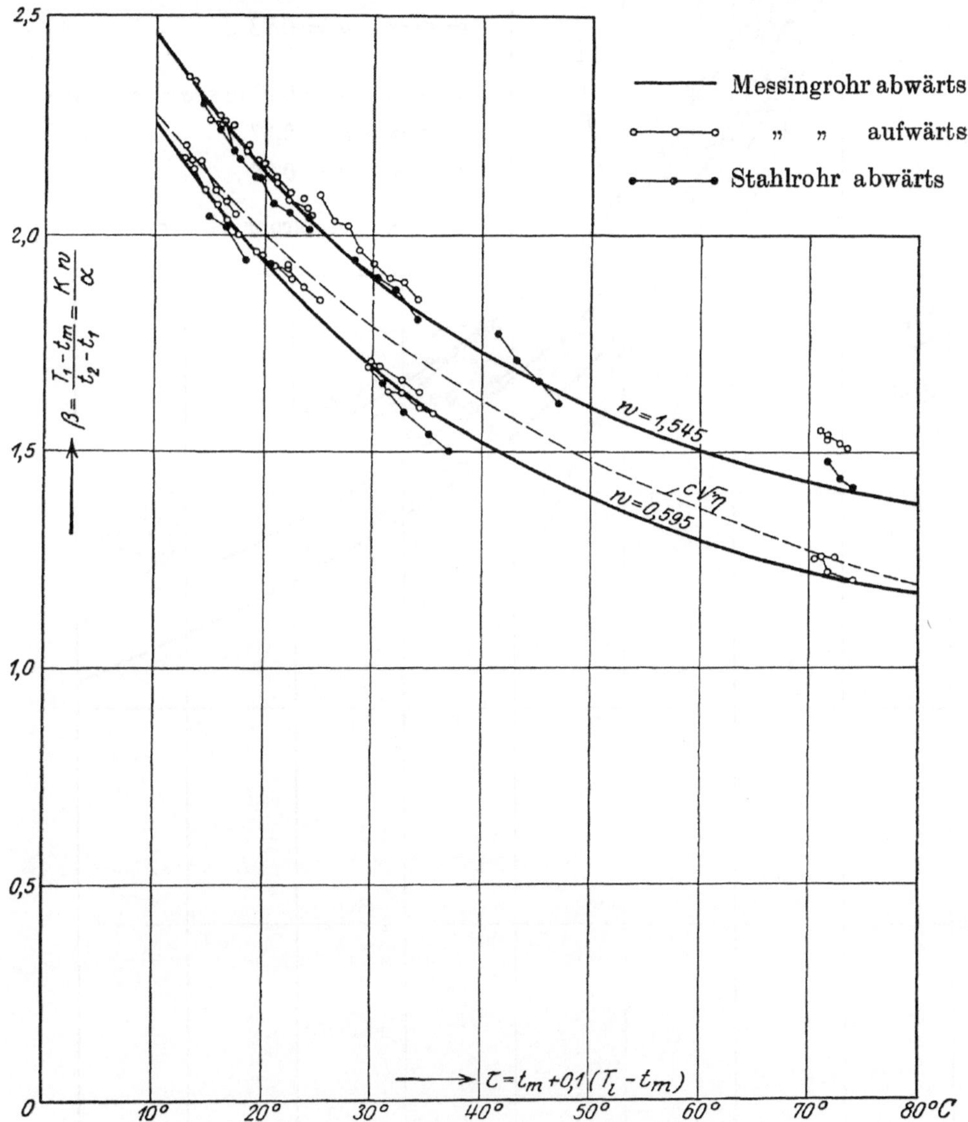

Abb. 15. Diagramm 5. β-Werte. Messingrohr und Stahlrohr. 17 l. W.
Strömung abwärts und aufwärts.

mit zunehmendem T_i steil aufwärts streben, nachdem sie zunächst
den C-Kurven zu folgen schienen. Mit einer zu geringen Bewertung
des Einflusses von T_i läßt sich diese Erscheinung nicht erklären.
Das entgegengesetzte Abweichen der β-Werte von der C-Kurve bei
Aufwärts- und Abwärtsströmung deutet vielmehr auf Konvektions-

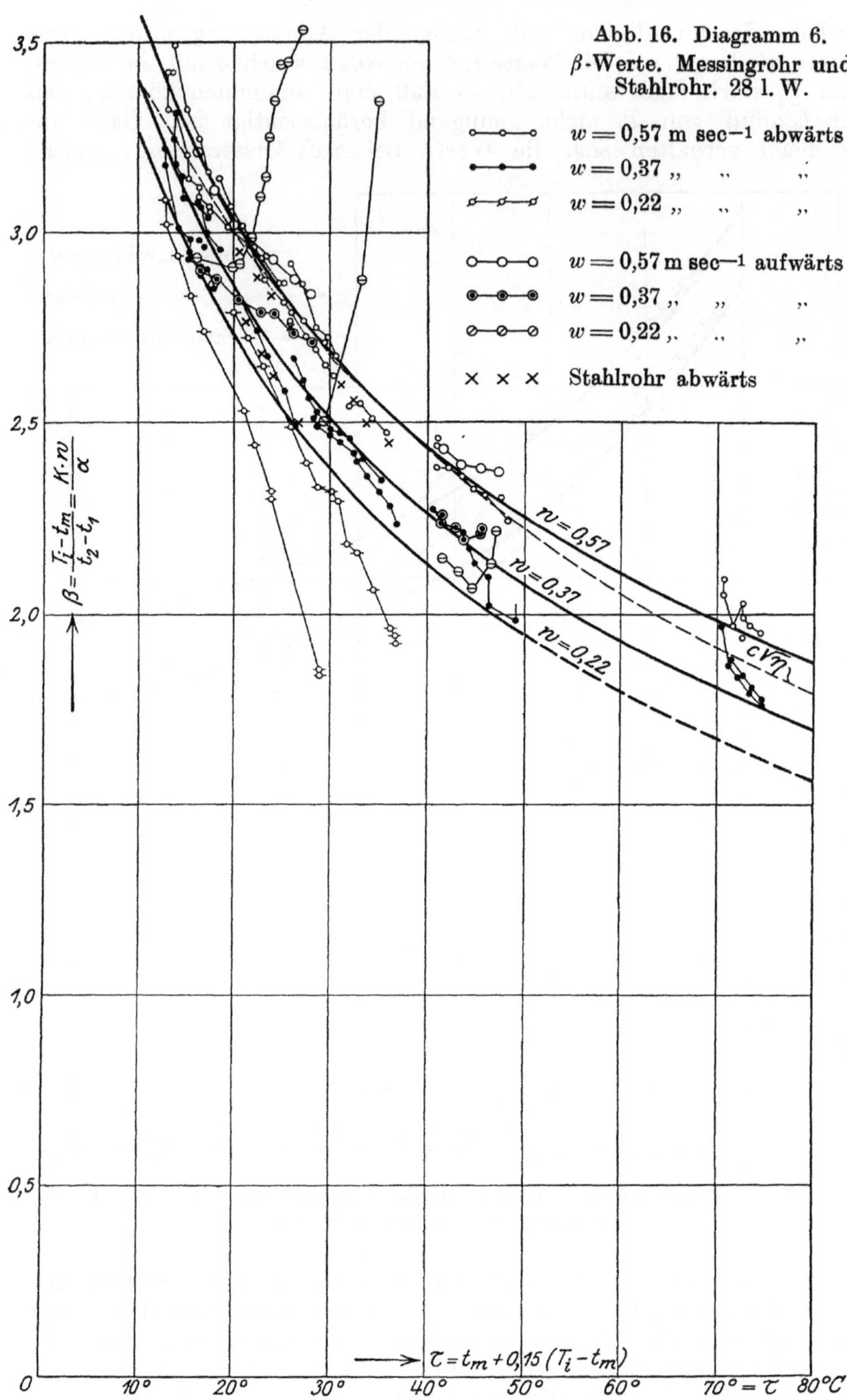

3,5
3,0
2,5
2,0
1,5
1,0
0,5
0
$\beta = \dfrac{T_i - t_m}{t_2 - t_1} = \dfrac{K \cdot w}{\alpha}$
Abb. 16. Diagramm 6.
β-Werte. Messingrohr und Stahlrohr. 28 l. W.
$w = 0,57$ m sec^{-1} abwärts
$w = 0,37$,, ,, ,,
$w = 0,22$,, ,, ,,
$w = 0,57$ m sec^{-1} aufwärts
$w = 0,37$,, ,, ,,
$w = 0,22$,, ,, ,,
× × × Stahlrohr abwärts
$w = 0,57$
$w = 0,37$
$w = 0,22$
$c\sqrt{\eta}$
$\tau = t_m + 0,15\,(T_i - t_m)$
10° 20° 30° 40° 50° 60° 70° = τ 80°C

ströme als gemeinsame Ursache hin: in beiden Fällen bildet sich ein aufsteigender Strom an der Wand, der einmal mit der Strömung gleich, im anderen Falle entgegengesetzt gerichtet ist. Die Wirkung dieser Konvektionsströme kommt um so stärker zum Ausdruck, je geringer die Strömungsgeschwindigkeit ist und verschwindet scheinbar vollständig bei der höheren Geschwindigkeit von 0,57 m/sek. Es ist jedoch auch möglich, daß bereits die Wahl des Parameters $a = 0{,}15$ in der Gl. (53) durch die Wirkung der Konvektionsströme beeinflußt worden ist [für das Messingrohr war $a = 0{,}1$ (s. Gl. 47) gefunden worden!]. Darauf deutet die, wenn auch geringe, Tendenz der β-Werte für Aufwärtsströmung bei $w = 0{,}57$ von der C-Kurve nach oben abzuweichen.

Es hätte eine Arbeit von vielen Wochen bedeutet, das hier auftauchende Problem ausführlich zu untersuchen. Diese Zeit konnte nicht mehr aufgewendet werden und ich mußte mich damit begnügen, das Problem zu konstatieren. Es zeigt sich hier jedenfalls, daß der Ansatz von Newton u. U. nicht anwendbar wird und die übertragene Wärmemenge nicht mehr einfach proportional der Temperaturdifferenz Wasser/Wand ist. Eine ähnliche Feststellung hat bereits Josse (L. N. 6) an horizontalen Rohren gemacht.

Die Intensität und daher auch die Wirkung der Konvektionsströme muß jedenfalls mit der Temperaturdifferenz im Rohrquerschnitt zunehmen, bei verschwindender Temperaturdifferenz aber auf 0 abnehmen. In diesem Sinne können die 3 eingezeichneten C-Kurven wohl die β-Werte für ein Rohr von 28 l. W. bei geringen Temperaturdifferenzen darstellen.

Genau wie bei den 17 mm-Rohren verlaufen die 3 Kurven parallel und es gilt daher das dort Gesagte auch hier. Die 3 Kurven können z. B. wiedergegeben werden durch die Gleichung

$$(54) \qquad \beta = \frac{1}{0{,}275\,(1 + 0{,}021\,\tau)} + 0{,}89\,w\,.$$

I. Übersicht über die Veränderung von α mit Temperatur, Strömungsgeschwindigkeit und Rohrdurchmesser.

Die β-Werte der C-Kurven der Diagramme 4 bezw. 5 und 6, wie auch die nach Gl. 38 berechneten α-Werte sind von 10 zu 10^0 in Tabelle 13 zusammengestellt, und in den Diagrammen 7 und 8 eingezeichnet. Im Diagramm 8 sind durch die Punkte gleicher Temperatur für jedes Rohr je eine Gerade gelegt. Die Neigung dieser Geraden gegen die Abcissenachse entspricht tg $\gamma = 0{,}9$ bei 10^0 und 0,83 bei 70^0. Demnach ist für beide Rohre (s. Gl. 52)

$$(55) \qquad \varphi\,(\tau) = 0{,}91 - 0{,}00115\,\tau$$

Tabelle 13.

τ^0 C	Rohr 17 mm ϕ						Rohr 28 mm ϕ					
w	1,545		1,000		0,595		0,57		0,37		0,22	
Kw	12380		8010		4770		7520		4890		2910	
	β	α	β	α	β	α	β	α	β	α	β	α
10^0	2,46	5040	2,34	3410	2,25	2120	3,57	2100	3,40	1440	3,25	895
20^0	2,15	5750	2,02	3950	1,94	2460	3,03	2480	2,86	1710	2,72	1070
30^0	1,90	6480	1,78	4490	1,69	2810	2,68	2800	2,51	1950	2,38	1220
40^0	1,73	7140	1,61	4950	1,52	3120	2,44	3080	2,26	2160	2,13	1370
50^0	1,60	7690	1,48	5380	1,40	3400	2,25	3340	2,08	2350	1,94	1500
60^0	1,50	8210	1,38	5770	1,29	3680	2,11	3560	1,93	2530	1,80	1620
70^0	1,43	8010	1,31	6110	1,22	3890	1,98	3800	1,81	2700	1,67	1740

Für $d = 17$ mm wird

$$(56) \qquad \psi(\tau) = 2830\ (1 + 0,0215\,\tau - 0,00007\,\tau^2).$$

Für $d = 28$ mm findet sich aus

$$5\,7) \qquad \psi(\tau) = \frac{\alpha}{w^{\varphi(\tau)}}$$

$$(58) \qquad \psi(\tau) = 2830\ (1 + 0,024\,\tau - 0,00011\,\tau^2).$$

Gl. 56 und 58 ergeben im Temperaturbereich der Messungen untereinander eine größte Differenz von ca. $2,5\,^0/_0$. Da einerseits Gl. 58 von $\tau > 100^0$ ab eine Abnahme von α mit wachsendem τ ergibt, was nicht glaubhaft ist, und andererseits der Verlauf der C-Kurven bei $d = 28$ mit nur geringer Sicherheit festliegt, dürfte Gl. 56 auch für $d = 28$ Geltung haben. Allerdings wird α damit im Mittel um etwa $1,6\,^0/_0$ zu klein, doch liegt diese geringe Differenz noch innerhalb der Versuchsfehler.

Somit ergibt sich für blanke Rohre von 17 und 28 mm unabhängig vom Rohrmaterial, der Strömungsrichtung und der Richtung des Wärmeübergangs die Gleichung

$$(59) \qquad \alpha = 2830\ (1 + 0,0215\,\tau - 0,00007\,\tau^2)\ w^{0,91 - 0,00115\,\tau}$$

wobei für die Praxis mit genügender Genauigkeit

$$(60) \qquad \tau = t_m + 0,1\ (\tau_i - t_m)$$

gesetzt werden kann.

J. Der Wärmeübergang abhängig von der Zähigkeit.

Die drei C-Kurven der Diagramme 4 bzw. 5 und 6 wie auch die empirischen Gleichungen 51, 54 und 59 haben in Übereinstimmung mit Stanton und Soennecken mit aller Deutlichkeit

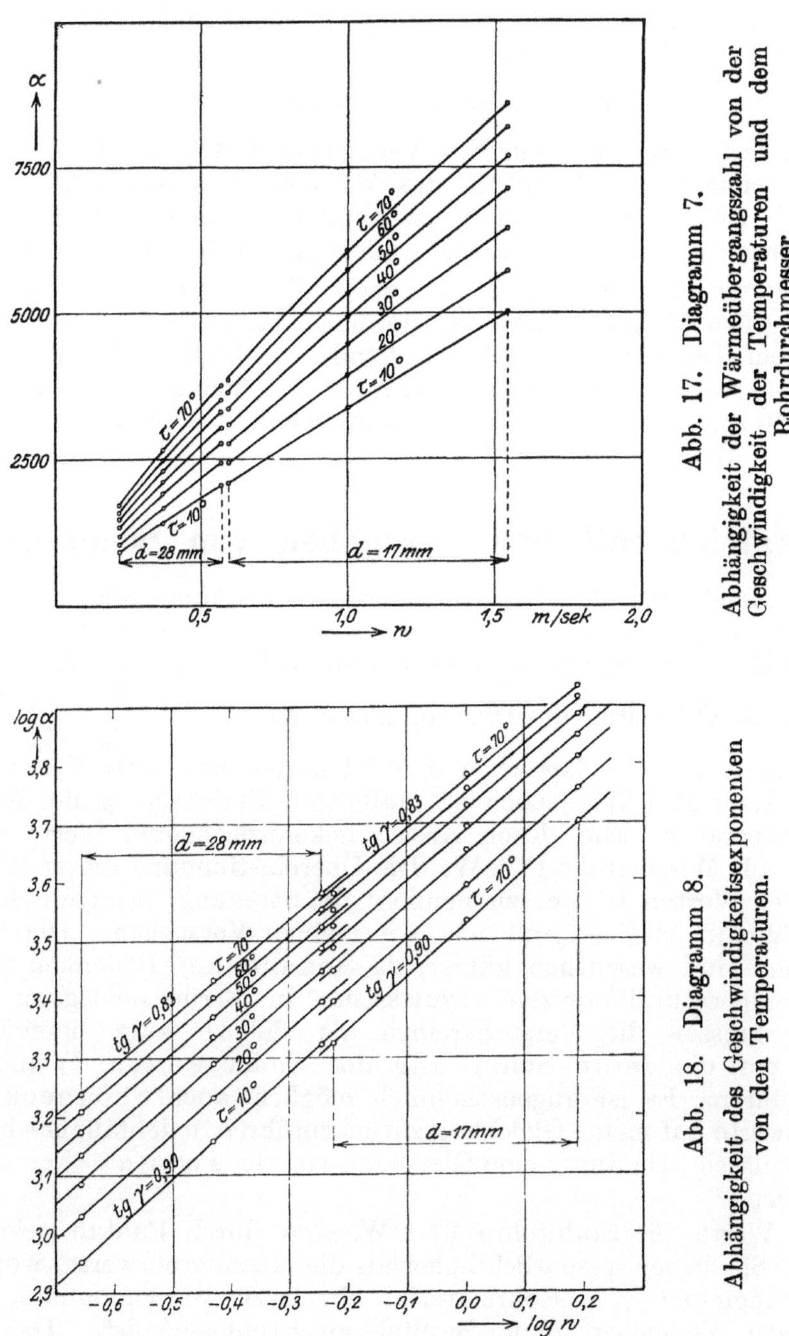

Abb. 17. Diagramm 7.
Abhängigkeit der Wärmeübergangszahl von der Geschwindigkeit der Temperaturen und dem Rohrdurchmesser.

Abb. 18. Diagramm 8.
Abhängigkeit des Geschwindigkeitsexponenten von den Temperaturen.

gezeigt, daß der Wärmeübergang in hohem Maße von der Temperatur des Wassers abhängig ist, und zwar zwischen 10 und 70° C auf beinahe den doppelten Wert zunimmt. Es ist daher am Platze, sich Rechenschaft darüber zu geben, auf welche physikalische Eigenschaft des Wassers diese Veränderlichkeit zurückzuführen ist. Dichte und spezifische Wärme des Wassers sind mit genügender Genauigkeit als konstant zu bezeichnen; die Leitfähigkeit ist nach M. Jacob (N. 7) gegeben durch die Gleichung

$$(56) \qquad \lambda = 0{,}4769 \, (1 + 0{,}00298 \, t),$$

sie verändert sich also nur im Verhältnis $1:1{,}3$ von 0 bis 100^0. Dagegen nimmt die Zähigkeit des Wassers von 10 bis 70^0 C im Verhältnis etwa $1:0{,}3$ ab und weist somit eine mit der Änderung des Wärmeüberganges kommensurable Änderung mit der Temperatur auf. Im Diagramm 5 und 6 sind gestrichelt die Werte konst. $\sqrt{\eta}$ eingetragen ($\eta =$ Zähigkeit des Wassers nach Landolt & Börnstein, Phys.-Chem. Tabellen). Es ist auffallend, wie ähnlich diese Kurven mit den C-Kurven verlaufen. Es kann daher kein Zweifel sein, daß α eine Funktion der Zähigkeit ist, wenn auch die Leitfähigkeit daneben eine Rolle spielen wird.

K. Vergleich mit den Versuchen von Soennecken.

Die Ergebnisse der Versuche von Soennecken sind im Diagramm 9 aufgetragen. Soennecken hat die auf Seite 14 angegebene Berichtigung der Rohrtemperatur nicht vorgenommen, daher bedeuten die Ordinaten des Diagramms die Werte $\beta'' = \dfrac{T_i' - t_m}{t_2 - t_1}$. Die ausgezogenen Linien entsprechen den C-Kurven aus meinen Versuchen mit dem Rohr 17 l. W., jedoch ebenfalls ohne Berichtigung der Rohrwand-Temperatur. Die durch Kreise gekennzeichneten Werte sind β''-Werte für Messingrohr 17 l. W. Die Übereinstimmung dieser Werte mit meinen Werten ist gut zu nennen; die Streuung ist augenscheinlich annähernd ebenso groß wie bei meinen Versuchen. Die Versuchsreihen sind wesentlich kürzer, da Soennecken Bedenken trug, große Temperaturdifferenzen zuzulassen. In Berücksichtigung der Streuung müssen die Versuchsreihen als viel zu kurz bezeichnet werden, um die feine Scheidung des Einflusses von T_i und t_m durchzuführen. Es ist augenscheinlich möglich, auch Soenneckens Versuchswerte auf meine Gleichung zurückzuführen, jedenfalls erscheint es nicht zulässig, sie durch eine Gleichung von der Form $\alpha = $ konst. w^n darzustellen.

Die Werte für Stahlrohre 17 l. W. sind durch Punkte gekennzeichnet. Sie liegen wesentlich höher als die Messingrohrwerte, woraus eine Abhängigkeit vom Rohrmaterial abgeleitet werden mußte, die bei meinen Versuchen ohne Zweifel ausgeschlossen ist. Da mir Soenneckens Stahlrohr im Original zur Verfügung stand, wenn auch in stark verrostetem Zustande, so habe ich einige Versuchsreihen mit diesem Rohr (s. Tab. 14) aufgenommen, nachdem dasselbe mittels Wischstocks einer gründlichen Reinigung unterzogen war, so daß es zwar wieder glatt, aber nicht blank war. Die β''-Werte dieser Versuche sind durch Kreuze gekennzeichnet. Sie stimmen angenähert mit den Werten von Soennecken überein. Es liegt also die Möglichkeit

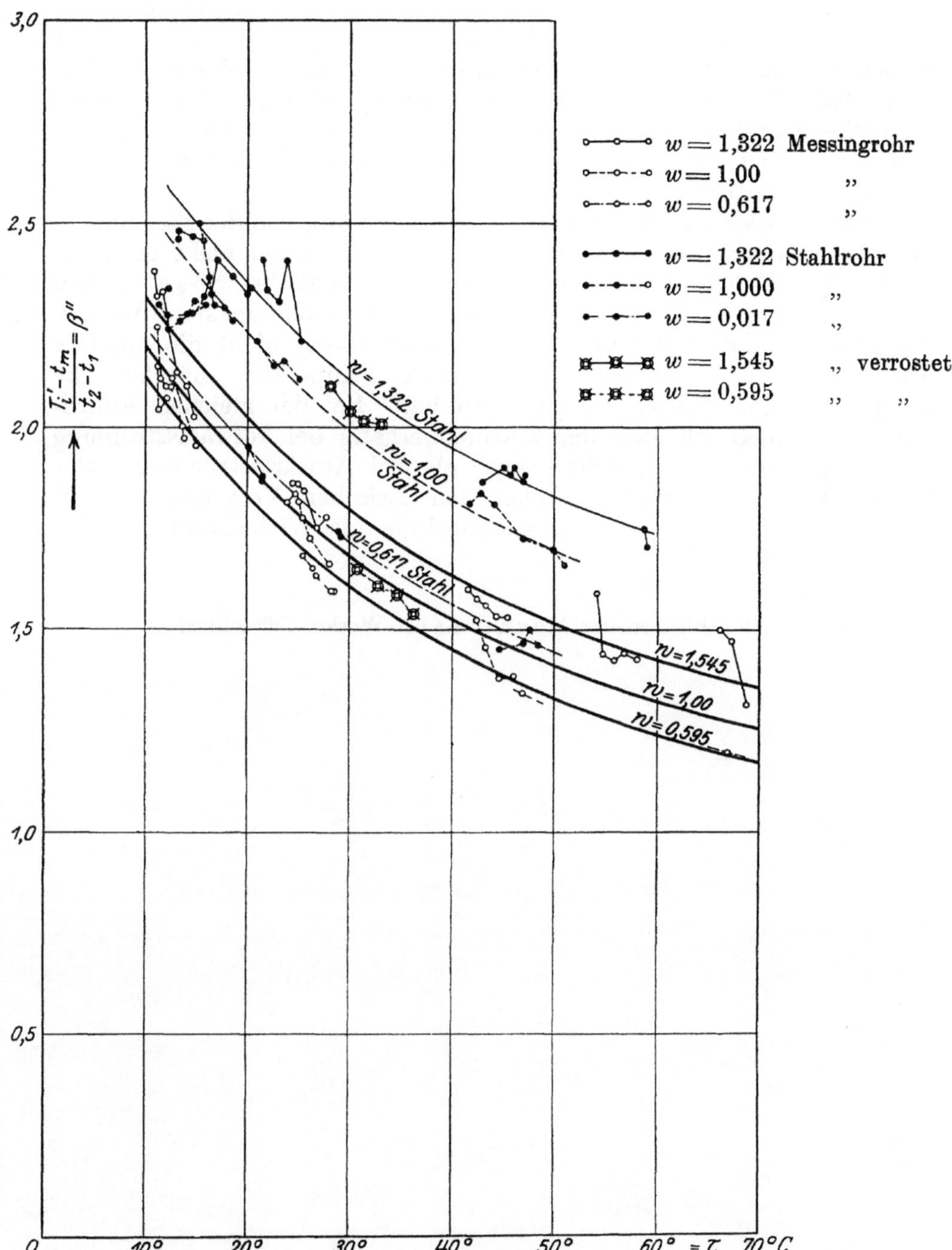

Abb. 19. Diagramm 9. β''-Werte. Versuchsdaten von Soennecken.
Messingrohr und Stahlrohr. 17 l. W.

vor, daß Soenneckens Rohr nicht rostfrei war. Beide Rohre waren von der gleichen Firma[1]) geliefert. Es ist andererseits aber auch nicht ausgeschlossen, daß die Oberfläche des von Soennecken benutzten Rohres an und für sich weniger glatt gewesen ist und das in den fast mikroskopischen Vertiefungen ruhende Wasser die Ursache für den geringeren Wärmeübergang bildete. Eine mikroskopische Untersuchung der beiden Rohroberflächen hätte darüber Auskunft geben können, mußte jedoch infolge des Ausbruchs des Weltkrieges unterbleiben.

Soennecken fand, daß der Wärmeübergang von der Strömungsrichtung abhängig sei, was ich bei meinen Versuchen nicht bestätigt fand. Der Widerspruch ist darin begründet, daß bei Soennecken vor dem oberen Thermometer Th_2 bei Aufwärtsströmung keine Wirbelvorrichtung eingebaut war und er infolgedessen nicht die mittlere Austrittstemperatur, sondern eine tiefere Temperatur, nämlich die Temperatur der Rohrachse, gemessen hat. Bei der gleichen Anordnung fand auch ich, daß der Wärmeübergang bei Aufwärtsströmung um einige Prozent schlechter war als bei Abwärtsströmung. Der Unterschied verschwand, nachdem ich zwischen Versuchsrohr und oberes Thermometer Th_2 zwei Gasrohrknie als Wirbelkammern eingeschaltet hatte.

---

[1]) Präzisionsstahlrohre der Mannesmann-Werke, Düsseldorf.

Tabelle 6.

Rohr: Messingrohr 17 mm ϕ. Wandstärke $\delta = 1$ mm. Länge $L = 191$ cm.
$\lambda = 90\ WE/\mathrm{m}\,^0\mathrm{C}\,\mathrm{st}.$

Betriebsweise: Strömung abwärts. Wärmeübergang von Wand an Wasser.

1	2	3	4	5	6	7	8	9
Datum	w	t_1	t_2	T'	t_m	τ	β'	$\dfrac{K.\,w.\,\delta}{2\cdot\lambda}$
12. 3. 14	1,545	12,02	12,91	14,56	12,50	12,7	2,455	0,07
		11,99	13,72	16,84	12,90	13,3	2,400	
		11,98	14,93	20,14	13,55	14,2	2,355	
		12,03	16,16	23,34	14,25	15,1	2,330	
		11,96	17,32	26,32	14,85	16,0	2,270	
		11,96	18,93	30,40	15,75	17,2	2,230	
		11,97	20,80	35,08	16,70	18,6	2,190	
16. 3. 14	1,545	11,95	20,73	35,36	16,65	18,5	2,255	
		11,93	22,42	39,56	17,55	19,7	2,215	
		11,97	24,45	44,26	18,65	21,5	2,170	0,07
		12,01	26,46	48,52	19,80	23,0	2,100	
		12,05	28,45	53,24	20,95	24,5	2,085	
13. 3. 14	1,545	19,06	20,11	21,72	19,60	19,8	2,105	0,07
		19,06	21,05	24,13	20,15	20,6	2,120	
		18,99	22,16	27,16	20,70	21,4	2,155	
		19,02	23,54	30,62	21,40	22,3	2,150	
		19,02	24,90	33,92	22,10	23,3	2,110	
		19,01	26,13	37,16	22,75	24,2	2,130	
		19,05	27,48	40,04	23,55	25,3	2,055	
21. 3. 14	1,545	19,06	29,04	43,52	24,65	26,6	2,055	0,07
		19,06	30,86	47,84	25,55	28,0	2,005	
		19,06	33,03	52,80	26,70	29,5	1,980	
21. 3. 14	1,545	22,98	36,60	55,20	30,50	33,0	1,920	0,07
		23,06	38,62	59,44	31,55	34,5	1,900	
23. 3. 14	1,545	39,94	41,68	43,66	40,90	41,1	1,670	0,07
		39,93	43,33	47,47	41,80	42,4	1,760	
		39,97	45,11	51,24	42,80	43,7	1,730	
		40,00	47,01	55,30	43,90	45,1	1,720	
		39,95	48,82	59,30	44,85	46,3	1,720	
		39,98	50,72	63,18	45,90	47,8	1,695	
		39,99	52,57	67,08	47,00	49,0	1,690	
23. 3. 14	1,545	55,00	56,28	57,72	55,70	55,9	1,655	0,07
		55,00	57,77	60,78	56,55	57,0	1,610	
		55,01	59,19	63,68	57,35	58,0	1,595	
		55,06	60,91	67,02	58,35	59,2	1,560	
		54,99	62,48	70,46	59,20	60,4	1,585	
		55,10	64,10	73,48	60,10	61,5	1,570	
24. 3. 14	1,545	69,99	71,27	72,56	70,70	70,9	1,525	0,07
		69,92	72,40	74,80	71,30	71,7	1,498	
		69,95	73,78	77,56	72,10	72,7	1,500	
		69,93	75,13	80,16	72,85	73,6	1,480	
		69,02	76,67	83,04	73,80	74,7	1,460	

1	2	3	4	5	6	7	8	9
Datum	w	t_1	t_2	T'	t_m	τ	β'	$\dfrac{K.w.\delta}{2\cdot\lambda}$
24. 2. 14	1,00	11,97	13,12	15,22	12,55	12,8	2,420	0,045
		11,99	14,92	17,34	13,00	13,5	2,360	
		11,98	15,09	20,18	13,65	14,3	2,210	
		11,97	16,15	23,00	14,20	15,1	2,220	
		11,97	17,30	25,82	14,85	16,0	2,180	
		11,95	18,26	28,20	15,35	16,6	2,150	
3. 3. 14	1,00	11,95	20,06	32,62	16,35	18,0	2,130	0,045
		12,03	21,98	37,06	17,45	19,4	2,080	
		12,03	23,95	41,60	18,45	20,8	2,050	
		11,96	25,89	46,00	19,55	22,2	2,010	
		12,08	28,12	50,76	20,75	23,8	1,975	
		11,98	29,93	55,08	21,90	25,3	1,960	
3. 3. 14	1,00	19,01	29,09	42,84	24,55	26,4	1,920	0,045
		19,02	31,10	47,34	25,75	27,9	1,900	
		18,99	33,13	51,64	26,75	29,3	1,860	
		18,98	35,27	56,24	28,85	30,7	1,840	
		18,96	36,84	59,65	28,75	32,0	1,830	
		19,02	33,07	51,44	26,75	29,2	1,860	
26. 2. 14	1,00	19,08	20,21	21,91	19,70	19,9	2,070	0,045
		19,05	21,13	24,27	20,20	20,6	2,080	
		19,05	22,60	27,86	21,00	21,7	2,050	
		19,06	24,16	31,60	21,80	22,8	2,025	
		19,06	25,50	34,56	22,55	23,8	1,970	
		19,06	27,30	38,78	23,65	25,2	1,950	
28. 2. 14	1,00	25,01	26,07	27,48	25,60	25,8	1,895	0,045
		25,04	27,44	30,64	26,35	26,8	1,895	
		24,97	28,80	33,96	27,10	27,8	1,900	
		24,99	30,28	37,22	27,90	28,9	1,865	
		24,98	31,67	40,46	28,65	29,9	1,870	
		24,93	33,16	43,76	29,45	30,9	1,840	
4. 3. 14	1,00	25,09	37,50	52,88	31,90	34,0	1,790	0,045
		25,09	39,26	56,62	33,00	35,4	1,770	
		24,99	39,44	57,16	33,00	35,4	1,770	
		25,09	41,58	61,32	34,10	36,8	1,740	
25. 3. 14	1,00	39,99	41,77	43,88	40,70	41,0	1,730	0,045
		40,01	43,53	47,48	41,95	42,5	1,660	
		39,94	45,37	51,32	43,00	43,9	1,610	
		39,97	47,35	55,10	44,05	45,2	1,575	
		39,90	49,44	54,16	45,20	46,6	1,540	
		39,92	51,56	63,38	46,40	48,1	1,540	
17. 2. 14	1,00	54,96	56,80	58,70	56,00	56,2	1,565	0,045
		54,95	59,09	63,31	57,25	57,9	1,545	
		55,03	60,82	66,51	58,25	59,1	1,505	
		55,13	63,40	71,35	59,75	60,9	1,480	
		54,99	56,84	58,82	56,00	56,3	1,595	
		54,95	59,12	63,36	57,25	57,9	1,540	

1	2	3	4	5	6	7	8	9
Datum	w	t_1	t_2	T'	t_m	τ	β'	$\dfrac{K.\,w.\,\delta}{2\cdot\lambda}$
17. 2. 14	1,00	69,98	71,46	72,84	70,80	71,0	1,450	0,045
		70,03	73,23	76,13	71,85	72,3	1,415	
		70,19	75,07	79,48	73,00	73,7	1,410	
		70,26	76,98	82,88	74,10	75,0	1,380	
23. 2. 14	0,595	12,08	13,12	14,78	12,65	12,8	2,180	0,025
		12,00	13,87	16,90	13,00	13,4	2,210	
		12,04	15,07	19,74	13,70	14,3	2,120	
		11,98	16,22	22,62	14,25	15,1	2,080	
		12,01	17,50	25,52	15,00	16,1	2,020	
		12,04	19,91	28,86	15,75	17,1	2,010	
4. 2. 14	0,595	12,12	24,75	42,22	19,10	21,4	1,930	0,025
		11,90	26,40	45,94	19,85	22,5	1,905	
		12,05	28,88	51,06	21,35	24,3	1,870	
		12,06	31,14	55,80	22,60	26,0	1,840	
7. 2. 14	0,595	24,93	35,32	47,20	30,65	32,3	1,680	0,025
		25,09	37,51	51,36	32,00	34,0	1,650	
		25,02	39,71	55,82	33,15	35,4	1,620	
		24,91	41,92	60,28	34,40	37,0	1,600	
		25,10	42,96	60,18	34,50	37,1	1,605	
19. 1. 14	0,595	25,09	26,21	27,50	25,65	25,9	1,920	0,025
		25,09	27,31	30,18	26,30	26,7	1,850	
		25,09	28,62	32,94	27,00	27,6	1,780	
		25,10	29,90	35,68	27,75	28,6	1,750	
		25,14	31,31	38,60	28,50	29,5	1,720	
		25,03	32,28	40,78	29,10	30,3	1,710	
10. 2. 14	0,595	39,87	47,82	55,44	44,35	45,5	1,460	0,025
		39,92	50,27	60,00	45,70	47,2	1,450	
		39,83	52,59	64,39	47,10	48,8	1,420	
		39,85	54,86	68,40	48,35	50,4	1,405	
9. 2 14	0,595	39,94	41,51	43,32	40,80	41,0	1,690	0,025
		40,05	43,50	47,12	41,95	42,5	1,575	
		39,93	45,54	51,11	43,05	43,9	1,510	
		39,92	47,29	54,44	44,05	45,1	1,480	
5. 3. 14	0,595	54,85	56,81	58,52	55,95	56,2	1,385	0,025
		54,86	59,07	62,71	57,25	57,8	1,360	
		54,90	61,43	66,76	58,60	59,4	1,310	
		54,93	61,24	66,52	58,50	59,3	1,330	
		54,98	63,75	71,05	60,00	61,1	1,320	
		54,93	65,97	75,08	61,25	62,6	1,315	
23. 2 14	0,595	70,04	71,25	72,46	70,75	71,0	1,425	0,025
		70,13	73,09	75,54	71,80	72,2	1,320	
		69,84	74,15	77,44	72,35	72,9	1,235	
		70,14	75,84	80,20	73,40	74,0	1,245	
		70,09	77,58	83,20	74,25	75,2	1,245	

Tabelle 7.

Rohr: Messing 17 mm ϕ. Wandstärke $\delta = 1$ mm. Länge $L = 191$ cm.

Betriebsweise: Strömung abwärts   Wärmeübergang von Wasser an Wand.

1	2	3	4	5	6	7	8	9
Datum	w	t_1	t_2	T'	t_m	τ	β'	$\dfrac{K w \delta}{2 \lambda}$
6. 4. 14	1,545	40,00	38,99	37,72	39,45	39,3	1,800	0,07
		39,96	37,85	35,16	38,80	38,4	1,815	
		39,99	36,68	32,55	38,15	37,6	1,790	
		39,98	35,89	30,70	37,75	37,0	1,815	
		39,94	35,45	28,62	37,25	36,4	1,865	
		39,97	34,29	26,76	36,85	35,8	1,875	
6. 4. 14	1,545	54,01	52,48	50,70	53,15	52,8	1,700	0,07
		54,05	50,88	47,20	52,15	51,6	1,760	
		54,11	49,39	43,98	51,50.	50,7	1,680	
		53,94	47,86	40,86	50,60	49,6	1,675	
		54,03	46,55	37,84	49,85	48,6	1,695	
		53,98	45,38	35,24	49,25	47,8	1,720	
7. 4. 14	1,545	70,02	68,67	67,44	69,25	69,1	1,410	0,07
		70,04	67,01	64,13	68,20	67,8	1,415	
		69,96	65,17	60,44	67,30	66,6	1,505	
		69,99	68,63	67,40	69,20	69,0	1,400	
		70,05	67,03	64,20	68,35	67,9	1,445	
		70,04	65,21	60,48	67,30	66,6	1,495	
		70,11	65,26	60,53	67,40	66,5	1,490	
1. 4. 14	0,595	39,99	38,75	37,50	39,30	39,1	1,530	0,025
		39,97	37,66	35,30	38,70	38,3	1,540	
		39,90	36,59	33,18	38,10	37,6	1,565	
		40,02	35,81	31,38	37,65	37,0	1,570	
		40,07	34,97	29,56	37,20	36,4	1,580	
		39,91	34,10	27,96	36,65	35,8	1,580	
31. 3. 14	0,595	54,01	52,12	50,54	52,95	52,7	1,330	0,025
		54,13	50,47	47,30	52,05	51,6	1,360	
		53,96	48,66	43,94	50,95	50,2	1,390	
		53,93	47,22	41,18	50,10	49,3	1,395	
		54,01	45,81	38,36	49,40	48,3	1,415	
		54,03	45,85	38,57	49,40	48,3	1,385	
		53,95	44,68	36,34	48,70	47,4	1,395	
30. 3. 14	0,595	70,05	62,03	55,86	65,50	64,5	1,250	0,025
		70,06	61,03	54,04	64,90	63,8	1,250	
		69,99	60,00	52,22	64,30	63,1	1,260	
		69,98	59,05	50,62	63,70	62,4	1,250	
		70,07	58,17	48,80	63,25	61,8	1,280	
		69,94	57,18	47,10	62,65	61,1	1,275	
28. 3. 14	0,595	69,93	68,45	67,54	69,10	68,9	1,080	0,025
		69,84	67,03	65,07	68,20	67,9	1,165	
		69,92	67,08	65,14	68,30	68,0	1,155	
		69,92	65,71	62,72	67,50	67,0	1,180	
		69,87	65,76	62,82	67,50	67,0	1,205	
		70,00	64,32	60,06	66,75	66,1	1,225	
		69,91	62,03	55,96	65,40	64,5	1,250	
		69,92	63,23	58,10	66,15	65,4	1,250	

Tabelle 8.

Rohr: Messingrohr 17 mm ϕ. Wandstärke $\delta = 1$ mm. Länge $L = 191$.
Betriebsweise: Strömung aufwärts. Wärmeübergang von Wand an Wasser.

1	2	3	4	5	6	7	8
Datum	w	t_1	t_2	T'	t_m	τ	β
16. 4. 14	1,545	11,83	20,75	35,30	16,60	18,5	2,19
		11,75	22,25	38,92	17,35	19,5	2,17
		11,84	24,29	43,68	18,50	21,0	2,13
		12,01	24,49	43,78	18,75	21,3	2,12
		11,99	26,14	47,66	19,55	22,4	2,09
		12,05	28,36	52,60	20,90	24,1	2,06
		12,05	28,44	52,66	21,05	24,2	2,04
15. 4. 14	1,545	11,99	13,32	15,69	12,75	13,0	2,36
		11,93	14,24	18,31	13,20	13,7	2,35
		11,99	15,91	22,66	14,10	15,0	2,31
		11,99	17,52	26,84	15,00	16,2	2,26
		11,97	19,23	31,38	15,90	17,5	2,25
		11,88	17,32	26,44	14,85	16,0	2,25
17. 4. 14	1,545	23,90	32,87	46,42	28,45	30,2	1,97
		23,00	34,65	50,42	29,40	31,5	1,90
		23,00	36,46	54,50	30,40	32,8	1,89
		22,98	38,59	58,84	31,55	34,3	1,85
15. 4. 14	1,545	22,92	24,13	25,96	23,60	23,9	2,08
		22,90	25,03	28,16	24,05	24,5	2,04
		22,86	26,33	31,64	24,70	25,4	2,12
		22,88	26,39	31,72	24,75	25,4	2,09
		22,82	27,77	35,08	25,55	26,5	2,03
		22,85	29,56	39,32	26,50	27,8	2,02
		22,86	31,04	42,62	27,40	28,9	1,96
23. 4. 14	1,545	70,20	71,48	72,74	70,90	71,1	1,50
		70,20	72,66	75,08	71,55	71,9	1,49
		70,22	73,02	77,66	72,35	72,9	1,47
		70,06	75,27	80,20	72,95	73,7	1,46
		69,90	71,34	72,76	70,70	70,9	1,49
		69,96	72,64	75,25	71,45	71,8	1,48
30. 4. 14	0,595	12,35	22,72	36,74	18,05	19,9	1,94
		12,39	24,71	41,08	19,25	21,4	1,92
		12,39	26,68	45,18	20,30	22,8	1,89
		12,41	26,51	44,94	20,25	22,7	1,90
		12,43	28,91	50,40	21,85	24,7	1,89
		12,52	31,26	54,88	22,90	26,1	1,85
24. 4. 14	0,595	12,07	13,25	15,12	12,70	12,9	2,20
		12,09	13,10	17,20	13,00	13,4	2,15
		12,07	15,47	20,52	13,90	14,6	2,09
		12,09	16,00	24,14	14,75	15,7	2,06
		12,07	18,46	27,48	15,60	16,8	2,02
		12,03	19,88	30,80	16,35	17,8	1,99
20. 4. 14	0,595	24,93	31,66	39,32	28,70	29,8	1,70
		24,87	33,16	42,56	29,45	30,8	1,70
		24,91	35,86	47,92	31,00	32,7	1,66
		24,89	35,91	48,02	31,05	32,8	1,66
		24,89	38,37	52,82	32,40	34,5	1,63
		24,85	38,31	52,76	32,40	34,5	1,63

1	2	3	4	5	6	7	8
Datum	w	t_1	t_2	T'	t_m	τ	β
23. 4. 14	0,595	70,12	70,46	72,38	70,90	71,0	1,25
		69,55	71,02	72,08	70,40	70,6	1,25
		69,94	72,83	74,86	71,60	71,9	1,22
		69,94	74,01	76,98	72,25	72,7	1,25
		69,94	74,04	76,99	72,30	72,7	1,25
		69,38	75,85	79,62	73,50	74,1	1,20
		69,16	71,67	72,80	71,00	71,2	1,27

Tabelle 9.

Rohr: Stahlrohr, blank 17 mm ϕ. Wandstärke $\delta = 1$ mm. Länge $L = 191$.
Betriebsweise: Strömung abwärts. Wärmeübergang von Wand an Wasser.

1	2	3	4	5	6	7	8
Datum	w	t_1	t_2	T'	t_m	τ	β
8. 6. 14	1,545	11,94	13,33	16,14	12,70	13,1	2,42
		11,94	15,27	21,34	13,70	14,5	2,19
		12,02	17,36	26,96	14,85	16,1	2,16
		12,00	19,53	32,40	16,00	17,7	2,08
		12,02	21,74	37,90	17,25	19,3	2,02
8. 6. 14	1,545	11,93	24,10	43,71	18,30	20,8	1,96
		11,74	26,43	49,70	19,40	22,5	1,94
		11,72	28,42	54,43	20,75	24,2	1,90
10. 6. 14	1,545	11,92	17,48	27,28	14,90	16,0	2,13
		11,93	19,87	33,38	16,15	17,9	2,06
		11,97	22,12	38,92	17,15	19,3	2,02
8. 6. 14	1,545	22,92	30,71	42,31	27,15	28,7	1,83
		22,89	33,24	48,29	28,60	30,6	1,79
		22,80	35,64	53,98	29,95	32,4	1,76
		22,90	38,20	59,12	31,30	34,1	1,69
9. 6. 14	1,545	40,10	42,34	45,37	41,36	41,8	1,66
		39,90	44,49	50,42	42,42	43,2	1,60
		39,96	47,26	56,57	44,02	45,3	1,59
		39,92	49,71	61,84	45,34	47,0	1,55
		40,06	52,54	67,64	47,00	49,7	1,50
9. 6. 14	1,545	70,01	72,45	75,01	71,35	71,7	1,39
		69,91	74,20	78,76	72,30	73,0	1,33
		69,97	76,00	82,23	73,35	74,3	1,31
10. 6. 14	0,595	12,33	13,74	16,18	13,10	13,4	2,24
		12,31	15,76	20,99	14,20	14,9	2,00
		12,28	18,06	26,72	15,40	16,6	1,98
		12,30	20,62	32,40	16,85	18,4	1,90
		12,38	23,32	37,67	18,25	20,2	1,77
10. 6. 14	0,595	25,12	33,51	43,15	29,80	31,2	1,67
		25,12	36,26	48,70	31,25	33,0	1,55
		25,00	39,52	54,96	33,10	35,3	1,50
		25,13	42,16	59,69	34,70	37,2	1,46

Tabelle 10.

Rohr: Messingrohr 28 mm ϕ. Wandstärke $\delta = 1$ mm. Länge $L = 191$ cm.
Betriebsweise: Strömung abwärts. Wärmeübergang von Wand an Wasser.

1	2	3	4	5	6	7	8
Datum	w	t_1	t_2	T'	t_m	τ	β
8. 5. 14	0,57	11,94	12,96	15,78	12,50	13,0	3,42
		11,90	12,95	15,77	12,45	13,0	3,32
		12,00	14,14	19,84	13,05	14,1	3,32
		12,01	14,16	19,88	13,10	14,1	3,31
		12,02	15,48	24,14	13,75	15,3	3,20
		12,01	15,40	24,10	13,70	15,3	3,20
8. 5. 14	0,57	12,03	15,49	24,16	13,56	15,1	3,14
		12,07	16,76	28,56	14,45	16,6	3,12
		12,00	16,84	28,54	14,45	16,6	3,10
		12,07	17,92	32,24	15,05	17,7	3,07
		12,05	17,90	32,16	15,05	17,7	3,06
9. 5. 14	0,57	12,04	20,13	39,64	16,30	19,8	3,02
		12,04	22,15	45,88	17,30	21,6	2,97
		12,00	22,12	52,10	18,35	23,5	2,88
		12,09	26,29	57,92	19,70	25,5	2,76
26. 5. 14	0,57	24,99	26,17	28,89	25,60	26,1	2,92
		24,99	27,58	33,24	26,35	27,4	2,87
		24,99	28,91	37,42	27,10	28,6	2,76
		24,97	30,17	41,42	27,70	29,7	2,73
		24,98	31,32	44,80	28,40	30,9	2,68
19. 5. 14	0,57	24,94	32,58	47,88	29,20	32,0	2,55
		24,91	34,12	52,47	29,90	33,3	2,56
		24,92	35,73	56,91	30,75	34,7	2,52
		24,90	37,22	60,97	31,55	36,0	2,49
28. 5. 14	0,57	40,04	41,39	43,96	40,75	41,3	2,45
		40,00	42,75	47,93	41,45	42,5	2,45
		39,98	44,35	52,43	42,40	43,8	2,39
		40,08	45,92	56,35	43,15	45,2	2,35
		40,04	47,28	60,08	43,90	46,3	2,32
		40,06	49,36	65,68	45,00	48,2	2,31
		40,04	50,94	69,65	45,90	49,5	2,25
29. 5. 14	0,57	70,04	71,14	72,83	70,60	70,9	2,07
		70,16	72,37	75,58	71,35	72,0	1,99
		70,11	73,48	78,59	71,90	72,9	2,04
		70,12	74,60	81,09	72,50	73,8	1,99
		70,14	75,67	83,66	73,15	74,8	1,97
6. 6. 14	0,37	12,97	14,03	16,71	13,50	14,0	3,17
		13,01	15,12	20,41	14,10	15,1	3,14
		13,06	16,47	24,80	14,80	16,3	3,08
		13,10	17,88	29,24	15,65	17,7	3,00
		12,97	19,04	33,21	16,20	18,8	3,00
		12,93	13,97	16,67	13,45	14,0	2,94
		12,96	15,17	20,57	14,10	15,1	2,08

1	2	3	4	5	6	7	8
Datum	w	t_1	t_2	T'	t_m	τ	β
27. 5. 14	0,37	12,94	21,51	40,48	17,65	21,1	2,81
		12,91	21,43	40,26	17,50	21,1	2,81
		12,94	23,10	44,97	18,45	22,5	2,74
		12,92	24,72	49,31	19,20	23,7	2,67
		12,94	26,48	53,62	20,20	25,3	2,58
		12,94	28,26	57,70	21,10	26,6	2,49
19. 5. 14	0,37	24,92	32,90	48,00	29,20	32,0	2,38
		24,91	34,48	52,20	30,00	33,4	2,33
		24,84	36,18	56,50	31,00	34,8	2,28
		24,92	38,94	62,35	32,35	36,9	2,15
		24,91	38,21	59,80	32,10	36,3	2,10
23. 5. 14	0,37	25,01	26,30	28,99	25,70	26,2	2,59
		24,96	27,68	33,22	26,40	27,4	2,53
		24,98	29,07	37,00	27,15	28,6	2,43
		24,99	30,46	40,92	27,95	29,9	2,40
		24,97	31,69	44,55	28,70	31,1	2,39
3. 6. 14	0,37	39,94	41,38	43,84	40,70	41,2	2,27
		39,89	43,98	48,24	41,45	42,5	2,26
		40,12	44,71	52,30	42,60	44,1	2,21
		39,91	46,29	56,40	43,35	45,3	2,13
		39,97	48,00	60,44	44,30	46,7	2,09
		40,12	41,63	44,18	40,95	41,5	2,25
		39,95	49,93	64,80	45,40	48,3	2,03
		39,82	51,73	68,96	46,25	49,7	1,97
5. 6. 14	0,37	69,98	71,07	72,64	70,60	70,9	1,97
		69,91	71,23	75,34	71,20	71,8	1,86
		69,95	73,38	77,90	71,85	72,8	1,84
		69,97	74,77	80,88	72,70	73,9	1,79
		70,00	76,26	84,08	73,45	75,0	1,76
		70,00	71,18	72,84	70,70	71,0	1,94
		70,10	72,47	75,63	71,40	72,0	1,86
7. 5. 14	0,22	12,07	13,22	16,00	12,65	13,1	3,06
		12,07	14,36	19,65	13,25	14,3	2,94
		12,15	15,82	23,98	14,15	15,7	2,82
		12,19	17,00	27,26	14,75	16,7	2,73
11. 5. 14	0,22	12,03	20,78	37,76	17,75	20,9	2,52
		12,13	23,10	43,40	18,20	22,0	2,42
		11,91	25,71	49,40	19,40	23,9	2,29
		11,85	32,63	59,82	23,20	28,7	1,84
19. 5. 14	0,22	24,65	33,11	46,70	29,20	31,8	2,17
		25,06	34,08	48,43	29,95	32,7	2,15
		25,02	36,13	52,88	31,10	34,4	2,05
		25,19	38,37	57,15	32,45	36,2	2,01
		25,08	39,16	58,58	32,80	36,7	1,91
		25,02	39,29	59,19	32,80	36,7	1,93
18. 5. 14	0,22	25,06	26,20	28,38	25,60	26,0	2,48
		25,10	27,67	32,33	26,50	27,4	2,38
		25,13	29,20	36,35	27,20	28,6	2,32
		25,16	30,70	40,39	28,20	30,0	2,31
		25,16	31,87	43,35	28,75	30,8	2,29

Tabelle 11.

Rohr: Messingrohr 28 mm ϕ. Wandstärke $\delta = 1$ mm. Länge $L = 191$ cm.
Betriebsweise: Strömung aufwärts. Wärmeübergang von Wand an Wasser.

1	2	3	4	5	6	7	8
Datum	w	t_1	t_2	T''	t_m	τ	β
17. 7. 14	0,57	15,01	16,54	20,40	15,40	16,1	3,21
		15,05	18,34	26,32	16,75	18,2	3,11
		15,05	20,20	32,30	17,80	20,0	3,01
		15,09	21,94	37,62	18,80	21,4	2,96
		15,07	22,60	39,88	19,10	22,2	2,97
17. 7. 14	0,57	40,09	41,97	45,36	40,95	41,6	2,43
		40,05	43,94	50,88	41,95	43,3	2,39
		40,19	46,53	57,70	43,40	45,6	2,38
		40,10	48,38	62,90	44,40	47,2	2,37
17. 7. 14	0,37	15,09	16,79	20,56	25,83	16,5	2,90
		15,09	18,53	26,12	26,72	18,1	2,89
		15,19	21,19	34,16	18,25	20,7	2,83
		15,20	21,22	34,18	18,25	20,7	2,83
		15,23	23,30	40,62	19,42	22,3	2,81
18. 7. 14	0,37	24,88	30,47	41,20	27,90	29,9	2,55
		24,90	32,78	47,75	29,15	32,0	2,53
		24,82	34,83	53,52	30,10	33,6	2,50
		24,66	36,88	59,52	31,15	35,4	2,48
		24,66	38,63	64,40	32,30	37,1	2,48
20. 7. 14	0,22	15,03	16,53	19,80	15,90	16,5	2,90
		14,93	18,23	25,28	16,70	18,0	2,80
		14,93	20,34	32,08	17,90	20,0	2,85
		14,93	21,01	34,28	18,20	20,6	2,85
		14,93	21,10	34,48	18,30	20,7	2,85
		14,92	22,21	38,62	18,85	21,9	2,93
15. 7. 14	0,22	14,93	23,13	41,00	19,30	22,6	3,08
		14,95	24,49	48,20	19,80	23,8	3,35
		15,01	26,36	56,40	20,70	25,7	3,44
		15,01	28,08	63,75	21,55	27,4	3,53
20. 7. 14	0,22	24,92	34,36	55,18	29,95	33,8	2,88
		24,71	35,31	63,04	30,15	35,0	3,34
		24,81	28,95	39,40	27,50	29,3	2,51
		24,80	32,14	46,06	28,70	31,3	2,55
15. 7. 14	0,22	39,85	42,06	45,23	41,05	41,7	2,14
		39,84	44,37	51,00	42,30	43,5	2,11
		39,79	45,89	54,60	43,10	44,7	2,07
		40,23	49,19	63,20	45,05	47,6	2,22

Tabelle 12.

Rohr: Stahlrohr blank 28 mm ϕ. Wandstärke $\delta = 1$ mm. Länge $L = 191$ cm.
Betriebsweise: Strömung abwärts. Wärmeübergang von Wand an Wasser.

1	2	3	4	5	6	7	8
Datum	w	t_1	t_2	T'	t_m	τ	β
22. 6. 14	0,57	13,01	21,07	40,14	17,15	20,6	2,94
		12,93	23,06	46,35	18,30	22,5	2,88
		12,90	25,10	52,52	19,30	24,3	2,84
		12,90	26,85	57,54	20,45	26,0	2,75
22. 6. 14	0,57	24,99	31,49	44,90	28,50	31,0	2,60
		24,88	33,41	50,68	29,45	32,7	2,56
		24,89	35,65	56,79	30,65	34,6	2,50
		25,10	37,33	61,00	31,65	36,0	2,45
24. 6. 14	0,37	13,45	21,57	39,22	17,80	21,0	2,76
		13,34	23,73	45,71	19,00	23,0	2,68
		13,24	25,62	51,03	19,80	24,5	2,63
		13,06	28,02	56,96	20,95	26,5	2,50

Tabelle 14.

Rohr: Stahlrohr verrostet 17 mm ϕ. Wandstärke $\delta = 1$ mm. Länge $L = 192$ cm.
Betriebsweise: Strömung abwärts. Wärmeübergang von Wand an Wasser.

1	2	3	4	5	6	7	8
Datum	w	t_1	t_2	T'	t_m	τ	β''
11. 6. 14	1,545	22,92	30,29	43,14	26,85	28,5	2,10
		22,89	32,46	48,65	28,05	30,1	2,04
		22,77	34,60	54,32	29,10	31,6	2,01
		22,85	36,63	59,45	30,25	33,2	1,01
12. 6. 14	0,595	25,01	33,18	43,54	29,60	31,0	2,65
		25,12	36,07	49,32	31,15	33,0	1,61
		24,95	38,61	54,65	32,40	34,6	1,58
		24,98	41,16	59,63	34,00	36,6	1,54

II. Theoretische Untersuchung.

Einleitung.

Man findet allgemein die Ansicht, daß der Wärmeübergang vorwiegend vom Zustand des Stoffes in unmittelbarer Nähe der Rohrwand abhängig ist. Diese Tatsache dürfte in erster Linie auf die früher herrschende Anschauung zurückzuführen sein, daß an der Rohrwand ein Temperatursprung vorliegt, in dem das ganze Temperaturgefälle aufgezehrt wird, in zweiter Linie aber auf die an und für sich richtige Gleichung $W = \lambda_{\text{Wand}} \cdot \dfrac{\partial t}{\partial \nu} \cdot F$. In dieser Gleichung kommt allerdings nur λ_{Wand} vor; es wird jedoch vergessen, daß das Temperaturgefälle an der Wand $\dfrac{\partial t}{\partial v}$ seinerseits auch vom Zustande der Flüssigkeit im Rohrinnern abhängig ist. Nusselt erwähnt zwar diesen Zusammenhang (s. L. N. 3), ohne indessen die nötigen Schlüsse und Folgerungen daraus zu ziehen. Daher gelangt er zu einer allgemeinen Gleichung für den Wärmeübergang, welche durch Versuchsdaten nicht bestätigt wird. Nachstehende Untersuchung soll dazu beitragen, die hier fühlbare Lücke in der Literatur auszufüllen.

Nusselt hat in seiner Arbeit (s. L. N. 4) den Fall untersucht, daß im zylindrischen Rohr eine Flüssigkeit in laminarer Strömung strömt, mit einer Geschwindigkeitsverteilung nach dem Poiseuilleschen Gesetz und Wärmeleitfähigkeit und Dichte der Flüssigkeit von Rohrachse bis Rohrwand gleich ist. Die angenommene Geschwindigkeitsverteilung ließ keine genaue numerische Lösung der Differentialgleichung zu und gestattete daher nicht, den Temperaturverlauf eines Stromfadens vom Eintritt in das Rohr ab zu verfolgen. Um dieses zu ermöglichen, vereinfache ich das Problem und nehme die Geschwindigkeit über den ganzen Rohrquerschnitt als gleich an; ich gelange dadurch zu einer Lösung der Differentialgleichung, die sich in bekannten Funktionen ausdrückt und eine genaue numerische Lösung ergibt. Die Untersuchung führt mich zu einer neuen Definition des Wärmeübergangskoeffizienten und folglich zur Aufstellung von neuen Gleichungen zur Berechnung der Wärmeübergangszahl.

Andererseits erweitere ich das Problem, lasse Veränderlichkeit von Leitfähigkeit und Dichte zwischen Rohrachse und Rohrwand zu und untersuche den Einfluß dieser Veränderlichkeit und verschiedener Geschwindigkeitsverteilung auf den Wärmeübergang. Diese Untersuchung zeigt 1., daß der Wärmeübergang nicht allein von der Leitfähigkeit der Wandschicht abhängt, sondern in hohem Maße von der Leitfähigkeit des Flüssigkeitskernes, und eine hohe Wärmeübergangszahl sich ergeben kann bei schlechter Wärmeleitung der Wandschicht, wenn die Leitfähigkeit des Kernes genügend groß wird; 2., daß die Höhe der Geschwindigkeit unmittelbar keinen Einfluß auf den Wärmeübergang hat. Der Schluß, daß die Geschwindigkeit mittelbar durch Auslösung von Wirbeln den Wärmeübergang begünstigt, führt zu einer Hypothese über die Faktoren des Wärmeüberganges bei turbulenter Strömung und zur Aufstellung ihrer Differentialgleichung.

A. Die Differentialgleichung des Temperaturverlaufs bei laminarer Strömung und ihr vollständiges Integral.

Um von ganz allgemeinen Verhältnissen auszugehen, nehme ich an, in einem Rohr von innerem Halbmesser R ströme eine tropfbare oder gasförmige Flüssigkeit. Es bezeichne:

T die Temperatur der Rohrwand,

ϑ die Temperatur der Rohrachse,

t die Temperatur eines Punktes im Rohr in beliebigem Abstand r von der Rohrachse,

λ die Wärmeleitzahl WE/m °C. Std.

ϱ die Dichte kg/m³

c_p die spezifische Wärme der Gewichtseinheit WE/kg °C

$\left.\begin{array}{l} \\ \\ \\ \\ \end{array}\right\}$ der Flüssigkeit bei der Temperatur t

w die Geschwindigkeit m/sek in r.

Fassen wir nun ein Raumelement $2\pi r\,dr\,dx$ ins Auge, so werden diesem Raume folgende Wärmemengen zugeführt:

1. Durch Wärmeleitung:

durch den Zylindermantel $2\pi r \cdot dx$:

$$(61) \qquad dQ_1 = -\,2\pi r\lambda\,\frac{\partial t}{\partial r}\cdot dx\,;$$

durch den Zylindermantel $2\pi(r+dr)\,dx$:

$$(62) \qquad dQ_2 = 2\pi\left[r\lambda\,\frac{\partial t}{\partial r} + \frac{\partial}{\partial r}\left(r\lambda\,\frac{\partial t}{\partial r}\right)dr\right]dx\,;$$

durch die Ringfläche $2\pi r \cdot dr$ bei x:

$$(63) \qquad dQ_3 = -\,2\pi r\lambda\,\frac{\partial t}{\partial x}\cdot dr\,;$$

durch die Ringfläche $2\pi r\,dr$ bei $x+dx$:

$$(64) \qquad dQ_4 = 2\pi r\left[\lambda\,\frac{\partial t}{\partial x} + \frac{\partial}{\partial x}\left(\lambda\,\frac{\partial t}{\partial x}\right)\cdot dx\right]dr\,.$$

2. Durch Strömung:

durch die Ringfläche $2\pi r\,dr$ bei x:

$$(65) \qquad dQ_5 = 2\pi r\cdot t\cdot 3600\cdot w\cdot c_p\varrho\cdot dr\,;$$

durch die Ringfläche $2\pi r\,dr$ bei $x+dx$:

$$(66) \qquad dQ_6 = -\,2\pi r\cdot 3600\left[t\cdot w\,c_p\varrho + \frac{\partial}{\partial x}(w\,t\,c_p\varrho)\,dx\right]dr\,;$$

im Beharrungszustande muß sein:

$$(67) \qquad \Sigma\,dQ = 0$$

und somit

$$(68) \qquad \lambda\left(\frac{\partial^2 t}{\partial r^2} + \frac{1}{r}\,\frac{\partial t}{\partial r}\right) + \frac{\partial\lambda}{\partial r}\cdot\frac{\partial t}{\partial r} = 3600\cdot w\,c_p\varrho\,\frac{\partial t}{\partial x}$$
$$+\ 3600\cdot t\,\frac{\partial(w\,c_p\varrho)}{\partial x} - \lambda\,\frac{\partial^2 t}{\partial x^2} - \frac{\partial\lambda}{\partial x}\cdot\frac{\partial t}{\partial x}\,.$$

Wir vernachlässigen die 2 Glieder $\lambda\,\dfrac{\partial^2 t}{\partial x^2}$ und $\dfrac{\partial\lambda}{\partial x}\cdot\dfrac{\partial t}{\partial x}$, welche die Wärmeleitung in axialer Richtung berücksichtigen[1]).

---

[1]) Siehe S. 57.

Die Grenzbedingungen sind dann:

$$(69) \qquad 1. \quad \frac{\partial t}{\partial r} = 0 \ \text{für} \ r = 0,$$

$$(70) \qquad 2. \quad t = T = \text{konst. für} \ r = R,$$

$$(71) \qquad 3. \quad t = t_1 = \text{konst. für} \ x = 0.$$

Es ist ferner erforderlich, anzunehmen, daß w von x unabhängig ist, was bei Gasen nur möglich ist, wenn auch ϱ von x unabhängig angenommen wird. Damit verschwindet auch das Glied $3600\, t \cdot \dfrac{\partial (c_p\, \varrho\, w)}{\partial x}$. Analog nehmen wir an, daß auch λ von x unabhängig sei. Setzen wir nun $y = \dfrac{r^2}{R^2}$ und schreiben wir $(T - t)$ für t, so geht die Differentialgleichung 68 über in

$$(72) \qquad \lambda \left[y\, \frac{\partial^2 (T - t)}{\partial y^2} + \frac{\partial (T - t)}{\partial y} \right] + y\, \frac{\partial \lambda}{\partial y} \cdot \frac{\partial (T - t)}{\partial y} =$$

$$= \frac{3600}{4} \cdot w\, c_p\, \varrho\, R^2\, \frac{\partial (T - t)}{\partial x}.$$

Die Substitution

$$(73) \qquad T - t = C \cdot u\, e^{-\beta x},$$

worin u nur $F(y)$, führt zur Lösung der Gleichung. Wir erhalten mit

$$(74/75) \qquad w = w_m f(y), \qquad \lambda = \lambda_0\, \varphi(y), \quad \text{und} \quad \varrho = \varrho_0\, \psi(y):$$

$$(76) \quad \varphi(y) \left(y\, \frac{\partial^2 u}{\partial y^2} + \frac{\partial u}{\partial y} \right) + y\, \frac{\partial \varphi(y)}{\partial y} \cdot \frac{\partial u}{\partial y} = - u \cdot \beta \cdot \frac{3600}{4} \cdot \frac{w_m\, c_p\, \varrho_0}{\lambda_0} \cdot R^2 \cdot f(y)\, \psi(y)$$

$$(77) \qquad\qquad = - P \cdot u\, f(y)\, \psi(y),$$

wenn

$$(78/79) \qquad P = \beta M \quad \text{und} \quad M = 3600 \cdot \frac{w_m\, c_p\, \varrho_0}{4\, \lambda_0} \cdot R^2.$$

Die Grenzbedingungen sind nun:

$$(80) \qquad 1_u. \quad \frac{\partial u}{\partial y} = 0 \ \text{für} \ y = 0,$$

$$(81) \qquad 2_u. \quad u = 1 \ \text{für} \ y = 0,$$

$$(82) \qquad 3_u. \quad u = 0 \ \text{für} \ y = 1.$$

Diese Gleichung läßt unendlich viele Lösungen zu, die die Grenzbedingungen 1 und 2 erfüllen und jedes Wertepaar P_n und u_n, die die Gl. 77 zur Identität machen, in Gl. 74 eingesetzt, ist eine partikuläre Lösung der vorgelegten Differentialgleichung, die den Grenzbedingungen 1 und 2 genügt, wenn sie auch physikalisch keine Lösung ist. Die Grenzbedingung 3 erfordert eine Summierung aller partikulären Lösungen, sodaß das vollständige Integral die Form annimmt:

$$(83) \quad (T-t) = (T-t_1) \cdot S \cdot \left[\frac{u_1}{s_1} e^{-P_1 \frac{x}{M}} + \frac{u_2}{s_2} e^{-P_2 \frac{x}{M}} + \frac{u_3}{s_3} e^{-P_3 \frac{x}{M}} + \cdots \right],$$

wenn

$$(84) \qquad \sum_{n=1}^{n=\infty} \left[\frac{1}{s_n} \right] = \frac{1}{S}.$$

Die Schwierigkeit der numerischen Lösung der vorgelegten Differentialgleichung liegt also wesentlich in der Bestimmung der Werte s_n.

Die von Nusselt gebrachte Näherungslösung $\left[\text{für } w = 2 w_m \left(1 - \frac{r^2}{R^2} \right) \right]$ ergab zwar das Resultat, daß α von x abhängig ist, läßt aber keinen der weiteren Schlüsse zu, die bei genauer numerischer Lösung gezogen werden können.

B. Die numerische Lösung.

Die Schwierigkeiten lassen sich umgehen, wenn nicht auf die genaue numerische Lösung eines speziellen Falles Wert gelegt, sondern die Lösung des Problems ins Auge gefaßt wird: Wie ändert sich die Temperatur der Flüssigkeit in einem Rohr, dem von der Wand aus Wärme zugeführt wird?

In zwei Fällen sind die Werte s_n bekannt, und zwar:

1. für ein Rohr vom Kreisquerschnitt bei λ, ϱ und $w = $ konst.,
2. für ein Rohr mit ebener Wand bei λ, ϱ und $w = $ konst.

Die entsprechenden Differentialgleichungen sind:

für die ebene Wand   für das runde Rohr

$$(85/86) \quad \frac{d^2 u}{dz^2} = -P_n \quad \text{mit } z = \frac{b}{B}, \qquad y \frac{d^2 u}{dy^2} + \frac{du}{dy} = -P_n,$$

wobei

$$(87/88) \qquad M = 3600 \cdot \frac{c_p \varrho \cdot w B^2}{\lambda}, \qquad M = 3600 \cdot \frac{c_p \varrho w R^2}{4 \lambda}.$$

Die Lösungen sind:

1. Für die ebene Wand. Unter Berücksichtigung der Grenzbedingungen 1_u und 2_u ist, wenn b bzw. z von der Rohrachse aus gerechnet werden:

$$(89) \qquad u_n = \cos p_n \frac{\pi}{2} \cdot z,$$

$$(90) \qquad P_n = \frac{\pi^2}{4} \cdot p_n{}^2.$$

Der Grenzbedingung 3_u genügen für p alle ungeraden Zahlen, also:

$$(91) \qquad p_n = 1, \; 3, \; 5, \; 7 \text{ usw.},$$

$$(92) \qquad p_n{}^2 = 1, \; 9, \; 25, \; 49 \text{ usw.}$$

Es ist ferner

$$(93) \qquad \frac{du}{dz} = - p_n \frac{\pi}{2} \sin p_n \frac{\pi}{2} z$$

und

$$(94) \qquad \frac{du}{dz_{z=1}} = u_n' = (-1)^n p_n \frac{\pi}{2}.$$

Es ist bekannt, daß

$$(95) \qquad \cos \frac{\pi}{2} \cdot z - \frac{1}{3} \cos 3 \frac{\pi}{2} z + \frac{1}{5} \cos 5 \frac{\pi}{2} z \ldots = \text{Identität} = \frac{\pi}{4}.$$

Folglich ist:

$$(96) \qquad s_n = 1, \; -3, \; +5, \; -7 \text{ usw.} = \frac{u_n'}{u_1'}$$

und

$$(97) \qquad S = \frac{4}{\pi}.$$

2. Für das runde Rohr. Die Integration durch Reihen ergibt unter Berücksichtigung der Grenzbedingungen 1_u und 2_u:

$$(98) \qquad u = 1 - P \cdot y + \frac{(Py)^2}{2^2!} - \frac{(Py)^2}{3^2!} + \frac{(Py)^4}{4^2!} - \ldots$$

Das ist eine **Bessel**sche Funktion, die kurz geschrieben werden kann:

$$(99) \qquad u_n = J_0(\xi) = J_0(2\sqrt{P_n y}).$$

Die Grenzbedingung 3_u ergibt für P alle Werte, für die $J_0(\xi) = 0$ wird.

Wenn ξ_0 diese Werte sind, die aus Tabellen (s. L. N. 13) zu entnehmen sind, so ist:

$$(100) \qquad P_n = \tfrac{1}{4}\xi_0^2.$$

Es finden sich

$$P_n = 1,445; \qquad 7,360; \qquad 18,70; \qquad 34,80\ldots$$

$$\text{oder} \qquad P_n = P_1; \quad P_1 \cdot 5,28; \quad P_1 \cdot 12,45; \quad P_1 \cdot 24,10,$$

$$\text{also} \qquad p_n^2 = 1; \qquad 5,28; \qquad 12,45; \qquad 24,10.$$

Es ist ferner:

$$(101) \qquad \frac{du}{dy} = \sqrt{\frac{P_n}{y}} \cdot J_1(\xi) = \sqrt{\frac{P_n}{y}} \cdot J_1(2\sqrt{P_n y}).$$

Die Werte $J_1(\xi)$ können wieder den Tabellen entnommen werden. Damit finden sich:

$$\frac{du}{dy_{y=1}} = u_n' = -0,624; \quad +0,939; \quad -1,172; \quad +1,370$$

$$\text{und} \qquad \frac{u_n'}{u_1'} = \qquad 1; \quad -1,505; \quad +1,880; \quad -2,195.$$

Die Werte s_n findet man in folgender Weise: Es ist die Funktion $f(r)=1$ von $r=0$ bis $r=1$ in eine Reihe zu entwickeln, deren Glieder die Funktionen $J_0(\xi)=J_0(2\sqrt{P_n y})=J_0(\gamma_n r)$ sind, wobei γ_n die Wurzeln der Gleichung $J_0(\xi)=0$ sind. Also:

$$(102) \qquad f(r)=\sum_{n=1}^{n=\infty}\frac{S}{s_n}\cdot J_0(\gamma_n\cdot r).$$

Die Lösung dieser Aufgabe geht aus der Theorie der Fourierschen Reihen hervor. Multipliziert man (nach Riemann-Weber, Partielle Differentialgleichungen) beide Seiten der Gl. 102 mit $r\cdot J_0(\beta_\nu r)\,dr$, wobei β_ν eine beliebige Wurzel der Gleichung $J_0(\xi)=0$ ist, integriert zwischen $r=0$ und $r=1$ und summiert alle Integrale, so wird die Summe wieder $=f(r)$.

$$(103) \qquad f(r)=\sum_{\nu=1}^{\nu=\infty}\int_0^1 f(r)\cdot r\cdot J_0(\beta_\nu\cdot r)\,dr=\sum_{\nu=1}^{\nu=\infty}\int_0^1\sum_{n=1}^{n=\infty}\frac{S}{s_n}\cdot J_0(\gamma_n\cdot r)\,J_0(\beta_\nu\cdot r)\cdot r\,dr,$$

es ist aber:

$$(104) \qquad \int_0^1 J_0(\gamma_n r)\cdot r\cdot J_0(\beta_\nu r)\cdot dr=0,$$

wenn β_ν von γ_n verschieden ist und

$$(105) \qquad \int_0^1 [J_0(\gamma_n r)]^2\,dr=\frac{1}{2}\,[J_1(\gamma_n)]^2,$$

wenn $\beta_\nu=\gamma_n$. Für jeden Wert wird also:

$$(106) \qquad \int_0^1\sum_{n=1}^{n=\infty}\frac{S}{s_n}\cdot J_0(\gamma_n r)\cdot r\cdot J_0(\beta_\nu r)\,dr=\frac{1}{2}\,[J_1(\gamma_n)]^2\cdot\frac{S}{s_n}.$$

Mit $f(r)=1$ wird:

$$(107) \qquad \int_0^1 r\cdot J_0(\beta_\nu r)\,dr=\frac{J_1(\beta_\nu)}{\beta_\nu}$$

und wenn $\beta_\nu=\gamma_n$

$$(108) \qquad \int_0^1 r\cdot J_0(\beta_\nu r)\,dr=\frac{J_1(\gamma_n)}{\gamma_n}=\frac{1}{2}\,[J_1(\gamma_n)]^2\cdot\frac{S}{s_n},$$

woraus

$$(109) \qquad \frac{S}{s_n}=\frac{2}{\gamma_n J_1(\gamma_n)},$$

also

$$(110) \qquad \sum_{n=1}^{n=\infty}\frac{2\cdot J_0(\xi)}{\xi_n J_1(\xi_n)}=1,$$

wenn ξ_0 die Werte ξ sind, für welche $J_0(\xi)=0$ wird. Setzen wir $s_1=1$, so wird

$$(111) \qquad S=\frac{2}{\gamma_1 J_1(\gamma_1)}=\frac{1}{\sqrt{P_1}\cdot J_1(2\sqrt{P_1})}=1{,}602\,,$$

somit wird:

$$(112) \qquad s_n=\frac{2\sqrt{P_n}\cdot J_1(2\sqrt{P_n})}{2\sqrt{P_1}\cdot J_1(2\sqrt{P_1})}=\frac{u_n'}{u_1'}\,.$$

Ich bilde nun für beide Fälle die Werte:

$$(113) \qquad T-\vartheta=(T-t)_{r=b=0}=(T-t_1)\cdot S\cdot\sum_{n=1}^{n=\infty}\left[\frac{1}{s_n}\cdot e^{-P_1 p_n^2\cdot\frac{x}{M}}\right],$$

ferner $(T-t_m)$, worin t_m die mittlere Temperatur der Flüssigkeit im betrachteten Rohrquerschnitt in x ist.

Es bezeichne H die Höhe der ebenen Wand oder den halben Umfang des Rohres $=\pi\cdot R$, G das durch das Rohr strömende Flüssigkeitsgewicht in kg/st. Dann ist:

$$(114)$$
$$T-t_m=(T-t_1)-(t_m-t_1)=(T-t_1)-\frac{2H\lambda}{c_p\cdot G}\int_0^x\frac{dt}{[dr]\,(db)_{\text{Wand}}}\cdot dx.$$

Dabei ist

$$(115) \quad \frac{dt}{[dr]\,(db)_{\text{Wand}}}=-\frac{d(T-t)}{[dr]\,(db)}=-(T-t_1)\left[\frac{2}{R}\right]\cdot\left(\frac{1}{B}\right)\cdot S\cdot u_1'\times$$
$$\times\sum'\left[\frac{u_n'}{u_1'}\cdot\frac{1}{s_n}\cdot e^{-P_1 p_n^2\frac{u}{M}}\right]$$

und

$$(116) \quad \int_0^x\frac{dt}{[dr](db)}=(T-t_1)\left[\frac{2}{R}\right]\cdot\left(\frac{1}{B}\right)\cdot S\cdot\frac{M}{P_1}\cdot u_1'\times$$
$$\times\left\{\sum\left[\frac{1}{p_n^2}\cdot e^{-P_1 p_n^2\frac{x}{M}}\right]-\sum\left[\frac{1}{p_n^2}\right]\right\},$$

folglich is t

$$(117) \qquad T-t_m=-(T-t_1)\cdot\left[\frac{2}{R}\right]\cdot\left(\frac{1}{B}\right)\cdot\frac{M\,2H\lambda}{c_p\cdot G}\cdot S\cdot\frac{u_1'}{P_1}\times$$
$$\times\sum\left[\frac{1}{p_n^2}\cdot e^{-P_1 p_n^2\frac{x}{M}}\right]$$

und da

$$(118) \qquad M=\left[\frac{R}{2}\right]\left(\frac{B}{1}\right)\cdot\frac{c_p\cdot G}{2H\cdot\lambda}$$

ist, so ist also in beiden Fällen

$$(119)$$
$$(T-t_m)_x=-(T-t_1)\cdot S\cdot\frac{u_1'}{P_1}\left[e^{-\frac{P_1}{M}x}+\frac{e^{-p_2^2\frac{P_1}{M}x}}{p_2^2}+\frac{e^{-p_3^2\frac{P_1}{M}x}}{p_3^2}+\cdots\right]$$

und da für $\dfrac{P_1}{M} \cdot x \geqq 1$ die höheren Glieder vom zweiten ab verschwinden, so wird für alle Werte $x \geqq \dfrac{M}{P_1}$

$$(120) \qquad T - t = (T - t_1) \cdot S \cdot u_1\, e^{-\frac{P_1}{M}\,x}\,,$$

$$(121) \qquad T - \vartheta = (T - t_1) \cdot S \cdot e^{-\frac{P_1}{M}\,x}\,,$$

$$(122) \qquad \frac{\partial\,(T - t)}{(\partial b)\,[\partial r]} = \left[\frac{2}{R}\right] \cdot \left(\frac{1}{B}\right)(T - t_1)\,S \cdot u_1{}'\,e^{-\frac{P_1}{M}\,x}\,,$$

$$(123) \qquad (T - t_m) = - (T - t_1) \cdot S \cdot \frac{u_1{}'}{P_1}\,e^{-\frac{P_1}{M}\,x}\,.$$

Von x unabhängig werden also für $x \geqq \dfrac{M}{P_1}$ die Werte

$$(124) \qquad \frac{T - t}{T - \vartheta} = u_1\,,$$

$$(125\,\text{a}) \qquad \frac{R\,\dfrac{dt}{dr}}{T - \vartheta} = - 2\,u_1{}' = \Theta\,,$$

$$(125\,\text{b}) \qquad \frac{B\,\dfrac{dt}{db}}{T - \vartheta} = - u_1{}' = \Theta\,,$$

$$(126) \qquad \frac{T - t_m}{T - \vartheta} = - \frac{u_1{}'}{P_1} = \zeta\,.$$

Das relative Temperaturgefälle an der Wand $\dfrac{R\,\dfrac{dt}{dr}}{T - \vartheta}$ nimmt also von $x = 0$ bis $x = \dfrac{M}{P_1}$ von unendlich groß bis auf einen Minimalwert Θ ab, das Verhältnis $\dfrac{T - t_m}{T - \vartheta}$ im gleichen Intervall vom Wert 1 auf einen Minimalwert ζ.

Der Verlauf der Temperaturen $(T - t_m)$ und $(T - \vartheta)$ in den zwei numerisch gelösten Fällen (an ebener Wand und in rundem Rohr bei über den Querschnitt konstanter Strömungsgeschwindigkeit) ist in Abb. 20 bzw. 21 über der Abszisse $x\,\dfrac{P_1}{M}$ dargestellt. Die Kurve der mittleren Temperatur steigt in $x = 0$ vertikal an und geht allmählich in die logarithmische Linie nach Gl. 123 über, die Kurve der Temperatur der Rohrachse verläuft in $x = 0$ horizontal und geht mit einem Wendepunkt in die logarithmische Linie nach Gl. 121 über.

C. Berücksichtigung der vernachlässigten Glieder $\lambda \dfrac{\partial^2 t}{\partial x^2}$ und $\dfrac{\partial \lambda}{\partial x} \cdot \dfrac{\partial t}{\partial x}$

Es bleibt nun noch zu untersuchen, welche Bedeutung die Vernachlässigung der Glieder $\lambda \dfrac{\partial^2 t}{\partial x^2}$ und $\dfrac{\partial \lambda}{\partial x} \cdot \dfrac{\partial t}{\partial x}$ in Gl. 68 hat und in welchen Grenzen sie zulässig ist.

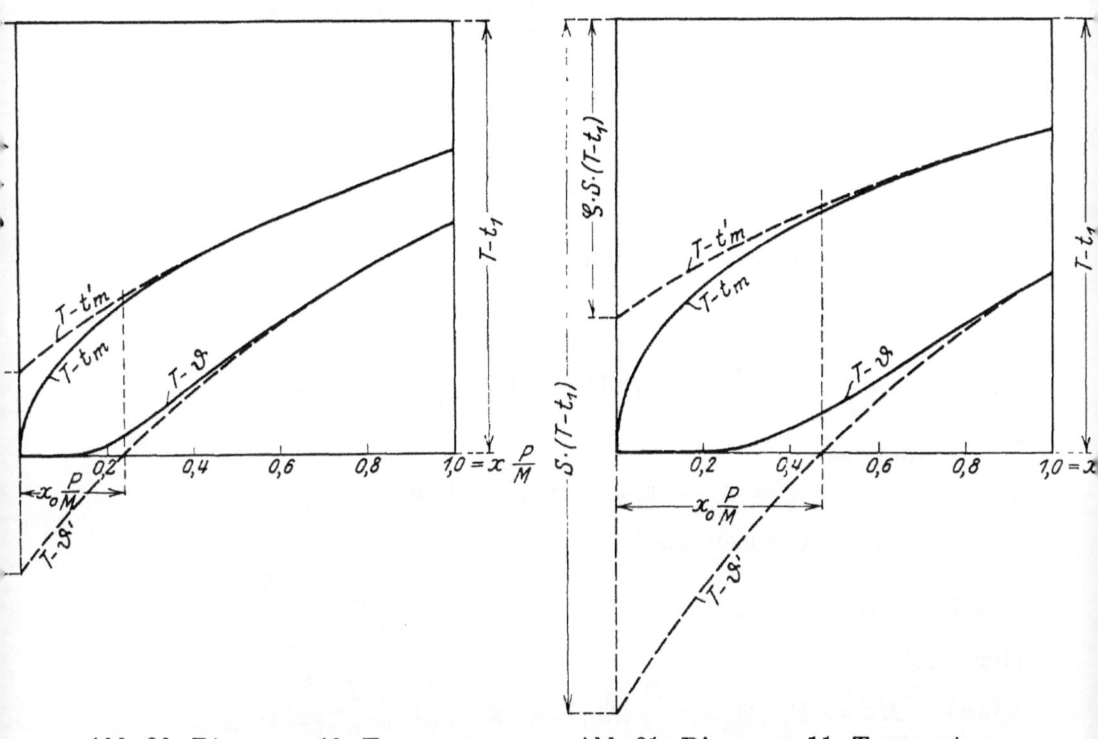

Abb. 20. Diagramm 10. Temperaturverlauf an ebener Wand.   Abb. 21. Diagramm 11. Temperaturverlauf im runden Rohr.

Es sei nun nur $\dfrac{\partial \lambda}{\partial x} \cdot \dfrac{\partial t}{\partial x}$ vernachlässigt. Gl. 68 wird damit zu

$$(127) \qquad \lambda \left(\frac{\partial^2 t}{\partial r^2} + \frac{1}{r} \frac{\partial t}{\partial r} \right) = 3600 \cdot c_p \varrho\, w\, \frac{\partial t}{\partial x} - \lambda \frac{\partial^2 t}{\partial x^2}.$$

Wir untersuchen im runden Rohr 2 Fälle: $w = $ konst. und $w = 2\, w_m \left(1 - \dfrac{r^2}{R^2} \right)$ bei λ, ϱ und $c_p = $ konst.

Der erste Fall ergibt, bei Anwendung der Substitutionen

$$(128/129) \qquad y = \frac{r^2}{R^2} \quad \text{und} \quad T - t = C \cdot u\, e^{-\beta x}$$

$$(130) \qquad y\frac{\partial^2 u}{\partial y^2} + \frac{\partial u}{\partial y} = -u\left(3600\cdot\frac{c_p\,\varrho\,w\,R^2}{2\,\lambda}\cdot\beta + \frac{R^2}{4}\cdot\beta^2\right)$$

$$= -u\left(M\beta + \frac{R^2}{4}\cdot\beta^2\right) = -P\cdot u,$$

woraus

$$(131) \qquad \beta = -\frac{2\,M}{R^2} \pm \frac{2\,M}{R^2}\sqrt{1 + \frac{P\cdot R^2}{M^2}}$$

oder

$$(131a) \qquad \beta = \frac{P}{M}\left(\frac{2\,M^2}{P\cdot R^2}\sqrt{1 + \frac{P\cdot R^2}{M^2}} - \frac{2\,M^2}{P\cdot R^2}\right) = \frac{P}{M}\cdot\psi.$$

Für genügend kleine Werte $\dfrac{P\cdot R^2}{M^2}$ wird $\psi = 1$ und $M\beta = P$.

Es verschwindet also das Glied $\dfrac{R^2}{4}\cdot\beta^2$ in Gl. 130, welches dem

Glied $\lambda\dfrac{\partial^2 t}{\partial x^2}$ in Gl. 127 entspricht.

Der zweite Fall ergibt bei Anwendung der gleichen Substitutionen

$$(132) \qquad y\frac{\partial^2 u}{\partial y^2} + \frac{\partial u}{\partial y} + \left[M\beta(1-y) + \frac{R^2}{4}\cdot\beta^2\right]\cdot u = 0.$$

Die Lösung ist

$$(133) \qquad u = \mathfrak{A}_0 - \mathfrak{A}_1 y + \mathfrak{A}_2 y^2 - \mathfrak{A}_3 y^3 + \cdots,$$

wobei die Koeffizienten sind

$$(134/135) \quad \mathfrak{A}_0 = 1 \quad \mathfrak{A}_n = \frac{1}{n^2}\left[\mathfrak{A}_{n-2}\,M\beta + \mathfrak{A}_{n-1}\left(M\beta + \frac{R^2}{4}\beta^2\right)\right]$$

oder mit

$$(135a) \quad M\beta = P \quad \mathfrak{A}_n = \frac{P}{n^2}\left[\mathfrak{A}_{n-2} + \mathfrak{A}_{n-1}\left(1 + \frac{PR^2}{4\,M^2}\right)\right].$$

Für genügend kleine Werte

$$(136) \qquad \frac{PR^2}{4\,M^2} \quad \text{wird} \quad \mathfrak{A}_n = \frac{P}{n^2}\left[\mathfrak{A}_{n-2} + \mathfrak{A}_{n-1}\right].[1]$$

Es verschwindet wie oben ebenfalls das Glied $\dfrac{R^2}{4}\cdot\beta^2$ in Gl. 132,

so daß das Glied $\lambda\dfrac{\partial^2 t}{\partial x^2}$ vernachlässigt werden kann.

Es ist aber

$$(137) \qquad \frac{R^2}{M^2} = \left(\frac{K\cdot\lambda}{3600\cdot c_p\,\varrho\,w\,R}\right)^2,$$

wobei $K = 4$ im ersten und $K = 2$ im zweiten Falle ist.

---

[1] Vgl. Gl. (193).

Es genügt festzustellen, wann die Größe $\dfrac{P_1}{4}\cdot\dfrac{R^2}{M^2}=\dfrac{P_1}{4}\left(\dfrac{2\,\lambda}{3600\cdot c_p\,\varrho\,w\,R}\right)^2$
genügend klein ist. Das ist allemal der Fall, wenn $w\geqq w_{\text{krit}}$. Nach
Reynolds und Ruckes (Lit.-Nachweis 9 und 11) ist nämlich $R\cdot w_{\text{krit}}\cdot\gamma$
$=1000\,\eta$ in CGS/Einheiten, wobei jedoch $\gamma=1$ (für Wasser) zu setzen
ist, also $\gamma=\varrho\cdot g$, wenn ϱ die spez. Masse und g die Fallbeschleunigung
ist. Dimensionsrein wird also $R\cdot w_{\text{krit}}\cdot\varrho=\eta$. Folglich ist auch

$$(138)\qquad\qquad \frac{P_1}{4}\cdot\frac{R^2}{M^2}=\frac{P_1}{4}\left(\frac{2\,\lambda}{3600\cdot c_p\,\eta}\right)^2.$$

Für Wasser von 15^0 C ist $\left(\dfrac{2\,\lambda}{3600\cdot c_p\,\eta}\right)^2=4{,}0\cdot 10^{-6}$

für Luft $\qquad\qquad\qquad\qquad\qquad\qquad = 6{,}5\cdot 10^{-4}$.

Mit $P_1=1{,}825$ (rundes Rohr, $w=w_{\text{krit}}$) wird also $\dfrac{P_1}{4}\cdot\dfrac{R^2}{M^2}$ gegen 1
stets genügend klein sein und die Gl. 124 bis 126 werden stets genügend genau erfüllt sein, wenn $w>w_{\text{krit}}$. Hierauf kommt es bei
der vorliegenden Untersuchung im wesentlichen an. Je größer P_n
wird, desto weniger wird die Vernachlässigung von $\lambda\dfrac{\partial^2 t}{\partial x^2}$ zulässig;
es wird für große Werte n $\mathfrak{u}_n\neq u_n$. Je kleiner x, desto größer wird
die Zahl n der zu berücksichtigenden Glieder der Gl. 83, desto
weniger genau wird bei Vernachlässigung von $\lambda\dfrac{\partial^2 t}{\partial x^2}$ die Darstellung
des Temperaturfeldes. Der größte Fehler ergibt sich bei $x=0$, und
zwar wird in der Nähe der Rohrwand $T-t<T-t_1$ sein. Die
dritte Grenzbedingung müßte also lauten:

für $\qquad\qquad x=0$ ist $T-t=(T-t_1)\cdot f(r)$.

$f(r)$ wird von 1 um so weniger verschieden sein, je kleiner
$\dfrac{\lambda}{c_p\,\varrho\,w\,R}$ wird, d. h. je größer die Strömungsgeschwindigkeit w ist.
Bei $w=w_{\text{krit}}$ verschwindet der Einfluß von $\lambda\dfrac{\partial^2 t}{\partial x^2}$ noch mit dem
4. Glied ($P_4=53{,}3$)*), bei höheren Geschwindigkeiten noch mit noch
höheren Gliedern, so daß das Glied $\lambda\dfrac{\partial^2 t}{\partial x^2}$ mit gutem Grunde überhaupt vernachlässigt werden kann, sofern überkritische Geschwindigkeiten in Frage kommen, es sei denn, daß bei turbulenter Strömung
auch in axialer Richtung außer der Wärmeleitung (λ) ein Wärmetransport (τ) (s. Abschnitt F) zustande kommt.

Das gegen $\lambda\dfrac{\partial^2 t}{\partial x^2}$ kleine Glied $\dfrac{\partial\lambda}{\partial x}\cdot\dfrac{\partial t}{\partial x}$ kann natürlich erst recht
vernachlässigt werden.

*) Vgl. S. 70.

D. Die Wärmeübergangszahl.

Die Wärmeübergangszahl α wird bis jetzt durch die Gleichung definiert

$$(139) \qquad Q = \alpha \cdot F \cdot (T - t)_m,$$

wobei $(T - t)_m$ die mittlere Differenz zwischen der Temperatur der von der Flüssigkeit berührten Rohrwand und der mittleren Flüssigkeitstemperatur im Rohr sein soll. Diese Definition konnte Geltung haben, solange α als konstant über die ganze Rohrlänge angenommen werden durfte. Seit Nusselt (L. N. 4) ist es indessen bekannt, daß die Wärmeübergangszahl α mit der Rohrlänge veränderlich ist. Es ist daher notwendig, die Wärmeübergangszahl durch die Gleichung

$$(140) \qquad dQ = 2\pi R \cdot \alpha (T - t_m) \cdot dx$$

zu definieren, wobei t_m die mittlere Temperatur der Flüssigkeit im Volumen $2\pi R \cdot dx$ ist.

Es entsteht nun die Frage, wie ist eine mittlere Wärmeübergangszahl für die ganze Rohrlänge zu definieren?

Ohne Zweifel ist

$$(141) \qquad \alpha_m = \frac{1}{L} \int_0^L \alpha \, dx$$

und anderseits

$$(142) \qquad (T - t_m)_m = \frac{1}{L} \int_0^L (T - t_m) \, dx,$$

wenn $(T - t_m)_m$ die mittlere Temperaturdifferenz zwischen Rohrwand und Flüssigkeit ist.

Bildet man analog der Gl. 139 das Produkt

$$(143) \qquad Q'' = \alpha_m (T - t_m)_m \cdot F$$

und andererseits das Integral von Gl. 140:

$$(144) \qquad Q = 2\pi R \int_0^L \alpha (T - t_m) \, dx,$$

so ist Q'' nicht gleich Q. Es kann also nur sein

$$(145) \qquad Q = \alpha' (T - t_m)_m \cdot F,$$

wobei $\alpha' \gtrless \alpha_m$ ist.

Selbst wenn der Temperaturverlauf im Rohr genau bekannt ist und die mittlere Flüssigkeitstemperatur im Rohr richtig ermittelt werden kann, kann also aus Gl. 145 nicht die wahre mittlere Wärmeübergangszahl für das ganze Rohr α_m ermittelt werden, aus deren Änderung mit den Versuchsbedingungen ein Schluß auf die physikalische Ursache dieser Änderung gezogen und ihre Gesetzmäßigkeit abgeleitet werden könnte.

Es soll daher untersucht werden, wie eine derartige wahre mittlere Wärmeübergangszahl aus den Temperaturmessungen bestimmt werden kann, beziehungsweise wie ein anderer Wert zu definieren ist, welcher den gleichen Zweck erfüllt wie die wahre mittlere Wärmeübergangszahl. Ein solcher Wert muß 1. physikalisch gesetzmäßig veränderlich sein, 2. die Berechnung der für einen bestimmten Zweck notwendigen Rohroberfläche gestatten.

Mit Rücksicht auf den großen Unterschied im Verlauf der mittleren Flüssigkeitstemperatur $(T - t_m)$ und der Temperatur der Rohrachse $(T - \vartheta)$ (s. Diagramm 10 und 11) führe ich eine Hilfsgröße σ ein, welche durch die Gleichung

$$(146) \qquad dQ = \sigma \cdot 2\pi R \cdot (T - \vartheta) \cdot dx$$

definiert ist. σ ist also von der gleichen Dimension wie α, daher ebenfalls eine Wärmeübergangszahl. Zwischen σ und dem üblichen Wert α besteht die Beziehung

$$(147) \qquad \sigma = \alpha \cdot \frac{T - t_m}{T - \vartheta}.$$

Während

$$(148/149) \qquad \alpha = \frac{\lambda}{R} \cdot \frac{R \dfrac{dt}{dr}}{T - t_m} \quad \text{ist, wird} \quad \sigma = \frac{\lambda}{R} \cdot \frac{R \dfrac{dt}{dr}}{T - \vartheta}.$$

Wir merken uns noch, daß

$$(150/151) \qquad \sigma_{min} = \frac{\lambda}{R} \cdot \Theta \quad \text{und} \quad \alpha_{min} = \frac{\sigma_{min}}{\zeta}.$$

Betrachten wir nun Diagr. 10 und 11. Außer den Kurven der mittleren Flüssigkeitstemperatur $(T - t_m)$ und der Temperatur der Rohrachse $(T - \vartheta)$ sind in diesen Diagrammen gestrichelt die Kurven $(T - t'_m)$ und $(T - \vartheta')$ nach Gl. 121 und 123 eingetragen, denen sich die erstgenannten Kurven in weiterem Verlauf anschmiegen. Die $(T - \vartheta')$-Kurve schneidet die Abszissenachse in $x_0 \dfrac{P}{M} = \ln S$. In dieser Abszisse unterscheiden sich die Werte $(T - t_m)$ und $(T - t'_m)$ nur noch um ca. $2\,^0/_0$. Wir können daher, ohne einen zu großen Fehler zuzulassen, auch annehmen, daß die Änderung der mittleren Flüssigkeitstemperatur von x_0 ab nach der logarithmischen Linie Gl. 123 verläuft. Damit ist gleichzeitig ausgesprochen, daß bereits von x_0 ab auch Gl. 120 bis 126 erfüllt sein sollen und $\sigma = \sigma_{min}$ ist. Daher ist in x_0 die mittlere angenommene Flüssigkeitstemperatur durch die Gleichungen:

$$(152/153) \quad T - t'_m = \zeta(T - t_1) \quad \text{oder} \quad (t'_m - t_1) = (1 - \zeta)(T - t_1)$$

gegeben.

Der Verlauf der **wahren** mittleren Flüssigkeitstemperatur t_m kann von $x=0$ bis $x=x_0$ mit guter Annäherung wiedergegeben werden durch die Gleichung

$$(154) \qquad (t_m - t_1)_x = (t_m - t_1)_{x=x_0} \cdot \left(\frac{x}{x_0}\right)^n,$$

der Verlauf der **angenommenen** mittleren Flüssigkeitstemperatur demnach durch die Gleichung

$$(154\,a) \quad (t''_m - t_1)_x = (t'_m - t_1)_{x=x_0} \cdot \left(\frac{x}{x_0}\right)^n = (1 - \zeta)(T - t_1) \cdot \left(\frac{x}{x_0}\right)^n.$$

Wir schematisieren also den Temperaturverlauf wie folgt: die mittlere Flüssigkeitstemperatur verläuft von $x=0$ bis $x=x_0$ nach Gl. 154a, von x_0 ab nach Gl. 123; die Temperatur der Rohrachse ist von $x=0$ bis $x=x_0$ $\vartheta' = t_1 = $ konst., von x_0 ab verläuft ϑ' nach Gl. 121.

Es ist

$$(155) \qquad x_0 = \frac{M}{P_1} \ln S$$

und

$$(156) \qquad L - x_0 = \frac{M}{P_1} \ln \zeta \, \frac{T - t_1}{T - t_2},$$

daher

$$(157) \qquad L = x_0 + (L - x_0) = \frac{M}{P_1} \left(\ln \frac{T - t_1}{T - t_2} + \ln(\zeta \cdot S) \right).$$

Für das runde Rohr gilt mit Gl. 118 und Gl. 126 unter Berücksichtigung von Gl. 150 und 151

$$(158) \qquad \frac{M}{P_1} = \frac{c_p \cdot G}{2\pi R} \cdot \frac{\zeta}{\sigma_{\min}} = \frac{c_p \, G}{2\pi R} \cdot \frac{1}{\alpha_{\min}}.$$

Daher können wir für das runde Rohr schreiben

$$(159) \qquad L = \frac{c_p \cdot G}{2\pi R} \cdot \frac{1}{\alpha_{\min}} \cdot \left(\ln \frac{T - t_1}{T - t_2} + \ln(\zeta \cdot S) \right).$$

Nach Erweiterung dieser Gleichung mit $(t_2 - t_1)$ und einigen Umformungen finden wir

$$(160) \qquad c_p \, G(t_2 - t_1) = \frac{t_2 - t_1}{\ln \dfrac{T - t_1}{T - t_2} + \ln \zeta \cdot S} \; L \cdot 2\pi R \cdot \alpha_{\min}$$

$$(161) \qquad \qquad = \mathfrak{T}_a \cdot 2\pi R \cdot L \cdot \alpha_{\min} = Q,$$

wobei

$$(162) \qquad \mathfrak{T}_a = \frac{t_2 - t_1}{\ln \dfrac{T - t_1}{T - t_2} + \ln \zeta \cdot S}.$$

$\alpha_{\min}$ erfüllt also im Verein mit $\mathfrak{T}_a$ die für die Wärmeübergangszahl gestellten Bedingungen. Es ist dabei zu beachten, daß $\mathfrak{T}_a$ nur eine Rechnungsgröße ist und $T - \mathfrak{T}_a$ nicht etwa eine ausgezeichnete Flüssigkeitstemperatur ergibt. $\mathfrak{T}_a$ ist als eine dem Wert $\alpha_{\min}$ beigeordnete Temperaturdifferenz zu bezeichnen.

Es ist andererseits auch möglich, eine **mittlere** Wärmeübergangszahl zu bestimmen, welche den gestellten Bedingungen genügt.

Die übertragene Wärmemenge ist genau (vgl. Gl. 146)

$$(163) \qquad Q = 2\,\pi\,R \int_0^L \sigma\,(T - \vartheta)\cdot dx,$$

also angenähert

$$(163\,\mathrm{a}) \qquad Q \sim 2\,\pi\,R \int_0^L \sigma'\,(T - \vartheta')\cdot dx.$$

Da nach Voraussetzung von 0 bis x_0 $(T - \vartheta') = (T - t_1)$ und von $x = x_0$ bis L $\sigma = \sigma_{\min}$ ist, so können wir schreiben

$$(164) \qquad Q = 2\,\pi\,R\,[(T - t_1)\int_0^{x_0} \sigma'\,dx + \sigma_{\min}\int_{x_0}^L (T - \vartheta')\,dx]$$

oder

$$(165) \qquad = 2\,\pi\,R\,[(T - t_1)\,\sigma_0'\cdot x_0 + \sigma_{\min}\int_{x_0}^L (T - \vartheta')\,dx],$$

wenn

$$(166) \qquad \sigma_0' = \frac{1}{x_0}\int_0^{x_0} \sigma'\,dx$$

ist.

Die Gl. 164 und 165 geben Q genau wieder, wenn $L \geqq \dfrac{M}{P_1}$, und mit einem größten Fehler von ca. $2\,^0/_0$, wenn $L = \dfrac{M}{P_1}\ln S$.

Wir bilden nun

$$(167) \qquad \sigma_m' = \sigma_0'\,\frac{x_0}{L} + \sigma_{\min}\cdot\frac{L - x_0}{L} = \frac{1}{L}\int_0^L \sigma'\cdot dx,$$

es ist also σ_m' nicht identisch mit $\sigma_m = \dfrac{1}{L}\displaystyle\int_0^L \sigma\cdot dx$, dürfte aber nach Lage der Dinge eine genügende Annäherung an σ_m darstellen. Es soll daher des weiteren stets nur σ_m und σ_0 geschrieben werden.

Es ist

$$(168) \qquad \sigma_0 = \frac{c_p\cdot G\cdot(t_m' - t_1)}{x_0\cdot 2\,\pi\,R\cdot(T - t_1)} = \frac{c_p\,G}{x_0\cdot 2\,\pi\,R}\cdot(1 - \zeta)$$

und

$$(169) \qquad L - x_0 = \frac{c_p\cdot G}{2\,\pi\,R}\cdot\frac{\zeta}{\sigma_{\min}}\cdot\ln\frac{T - \vartheta_1}{T - \vartheta_2},$$

folglich ist

$$(170) \qquad \sigma_m = \frac{c_p \cdot G}{2\pi R \cdot L}\left(1 - \zeta + \zeta \cdot \ln \frac{T - \vartheta_1}{T - \vartheta_2}\right).$$

Aus dieser Gleichung bilden wir analog Gl. 161

$$(171) \qquad Q = 2\pi R \cdot L \cdot \sigma_m \cdot \mathfrak{T}_\sigma,$$

wobei

$$(172) \qquad \mathfrak{T}_\sigma = \frac{t_2 - t_1}{1 - \zeta + \zeta \ln \dfrac{T - \vartheta_1}{T - \vartheta_2}},$$

die der mittleren Wärmeübergangszahl σ_m beigeordnete wirksame Temperaturdifferenz ist.

Damit haben wir die gesuchte mittlere Wärmeübergangszahl mit größter Annäherung gefunden.

Ganz analog können wir auch schreiben

$$(173) \qquad \alpha_m = \alpha_0 \frac{x_0}{L} + \alpha_{\min} \frac{L - x_0}{L}.$$

Mit

$$(174) \qquad \alpha_0 = \frac{c_p \cdot G \cdot (t'_m - t_1)}{x_0 \cdot 2\pi R\,(T - t_m)_m} = \frac{c_p\,G\,(1 - \zeta)}{x_0 \cdot 2\pi R} \cdot \frac{n + 1}{n + \zeta}$$

(vgl. Gl. 154a wird

$$(175) \qquad \alpha_m = \frac{c_p \cdot G}{2\pi R \cdot L}\left[\frac{n + 1}{n + \zeta} \cdot (1 - \zeta) + \ln\left(\frac{T - t_1}{T - t_2} \cdot \zeta\right)\right]$$

und

$$(176) \qquad \mathfrak{T}_{a_m} = \frac{t_2 - t_1}{\dfrac{n + 1}{n + \zeta} \cdot (1 - \zeta) + \ln\left(\dfrac{T - t_1}{T - t_2} \cdot \zeta\right)},$$

wenn

$$(177) \qquad Q = 2\pi R \cdot L \cdot \alpha_m \cdot \mathfrak{T}_{a_m}$$

gesetzt wird.

Andererseits können wir Gl. 167 auch in der Form schreiben

$$(178) \qquad \sigma_m = \sigma_{\min} + \sigma_0 \frac{x_0}{L} - \sigma_{\min} \frac{x_0}{L}$$

und finden daraus unter Berücksichtigung von Gl. 156 und 158

$$(179) \quad \begin{cases} \sigma_m = \sigma_{\min} + \dfrac{c_p\,G}{2\pi R \cdot L}(1 - \zeta - \zeta \ln S) \\[2mm] \text{oder} \\[2mm] \sigma_m = \sigma_{\min} + \dfrac{3600 \cdot c_p\,\varrho \cdot w\,R}{2 \cdot L}(1 - \zeta - \zeta \ln S) \end{cases}$$

oder analog

$$(180) \qquad \alpha_m = \alpha_{\min} + \frac{c_p\,G}{2\pi R L}\left[\frac{n + 1}{n + \zeta} \cdot (1 - \zeta) - \ln S\right].$$

σ_m und α_m sind einander nicht proportional, wie aus den Gl. 170 und 175 bzw. 179 und 180 hervorgeht. Von beiden Werten kann nur einer physikalische Bedeutung haben, und zwar der Wert σ_m.

Die mit Gl. 179 und 180 gewonnenen Ausdrücke für die mittlere Wämeübergangszahl erscheinen dadurch wertvoll, daß sie sich als Summe zweier Größen darstellen. 1. σ_{min} bzw. α_{min}, welche Funktionen der Leitfähigkeit aber unabhängig von der Rohrlänge sind, und 2. einer Größe, welche den Faktor $\dfrac{c_p \varrho\, w\, R}{2\, L}$ enthält, der von der Leitfähigkeit unabhängig, dagegen eine Funktion der Rohrlänge ist, also den Einfluß des Anfangs zur Geltung bringt. Diese Ausdrücke zeigen, daß die Erforschung und restlose Aufklärung der Erscheinung des Wärmeüberganges nur gelingen kann, wenn die Veränderungen der Größen σ_{min}, ζ und S in Abhängigkeit von den Betriebsbedingungen experimentell ermittelt werden. Hierzu sind allerdings andere Meßmethoden erforderlich, als bis jetzt im allgemeinen angewandt wurden, da die genannten Größen nur durch punktweise Messungen des Temperaturverlaufes im Rohr gewonnen werden können. Diese Meßmethoden sind jedoch nicht neu, sie sind bereits von Gröber (L. N. 8) angewandt worden. Die gleichen Werte σ_{min}, ζ und S sind auch notwendig, wenn die erforderliche Rohrlänge aus Gl. 159 mit Hilfe von α_{min} bestimmt werden soll. Daraus geht hervor, daß die Einführung der neuen Wärmeübergangszahl σ keine Komplikation des Problems bedeutet.

Gl. 159 zeigt, daß für die Praxis nur der Wert α_{min} wichtig ist. Für die wissenschaftliche Erforschung des Wärmeübergangsproblems ist die Wärmeübergangszahl σ_{min} von Bedeutung. Nach Gl. 150 ist σ_{min} proportional dem spezifischen Temperaturgefälle an der Wand, welches sich mit jeder Änderung des radialen Temperaturverlaufes ändern muß. Dagegen kann α_{min} unter Umständen konstant bleiben, nämlich wenn sich σ_{min} und ζ gleichzeitig und im gleichen Sinne ändern. Ein Vergleich von α_{min}-Werten verschiedener Versuche kann daher keine eindeutigen Unterlagen für die Ableitung eines physikalischen Gesetzes über die Veränderung der Wärmeübergangszahl geben und wird im allgemeinen nur zu empirischen Gleichungen führen.

Erst recht muß ein Vergleich von α-Werten nach Gl. 139 zu Trugschlüssen führen.

Zu beachten ist, daß die Gl. 159, 171, 175 bzw. 162 und 176 mit $\zeta = 1$ und $S = 1$ in die Gleichung

$$(181) \qquad L = \frac{c_p\, G}{2\,\pi\, R} \cdot \frac{1}{\alpha}\, \ln \frac{T - t_1}{T - t_2}$$

bzw.

$$(182) \qquad T - t_m = \frac{t_2 - t_1}{\ln \dfrac{T - t_1}{T - t_1}}$$

übergehen, weil für $\zeta = 1$ $\;T - t_2 = T - \vartheta_2$ sein muß.

Es sind dies die altbekannten Gleichungen, welche $\alpha = $ konst. über die Rohrlänge voraussetzen. Diese Voraussetzung kann also nur erfüllt sein, wenn im Rohrquerschnitt keine Temperaturdifferenzen vorhanden sind und das ganze Temperaturgefälle $T - t$ in einem Sprung an der Wand aufgezehrt wird, was selbstverständlich den Tatsachen nie entspricht.

Der Vergleich verschiedener α-Werte nach Gl. 139 oder 181 wird also um so mehr irreführend sein, je mehr sich die ζ-Werte in den zu vergleichenden Fällen bei gleichem Verhältnis $\dfrac{T - t_1}{T - t_2}$ unterscheiden oder je mehr sich dieses Verhältnis bei gleichen ζ-Werten ändert.

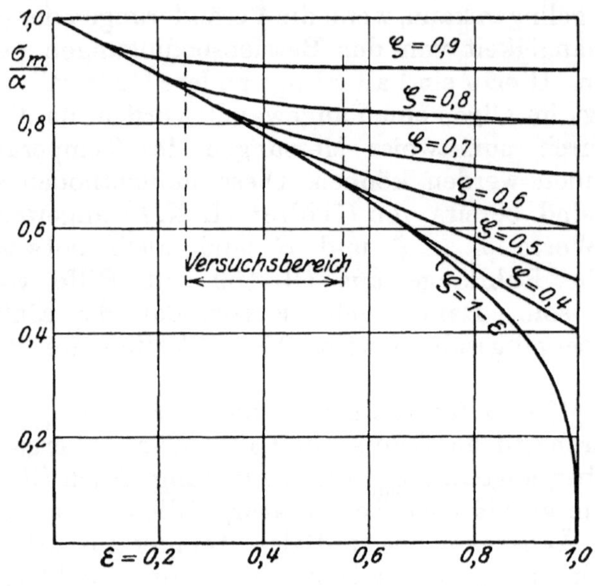

Abb. 22. Diagramm 12.

Das Diagramm 12 zeigt, wie sehr sich z. B. das Verhältnis $\dfrac{\sigma_m}{\alpha}$ mit ζ einerseits und mit dem Erwärmungsgrad

$$(183) \qquad \varepsilon = \frac{t_2 - t_1}{T - t_1} = 1 - \frac{T - t_2}{T - t_1}$$

ändern kann. Es ist

$$(184) \qquad \frac{\sigma_m}{\alpha} = \frac{1 - \zeta + \zeta \ln \left(\dfrac{T - t_1}{T - t_2} \cdot \zeta \right)}{\ln \dfrac{T - t_1}{T - t_2}}$$

Während die abgeleiteten Gleichungen für σ_m und α_m (151, 155 und 179 u. 180) für Rohre gelten, deren Länge größer als x_0 ist, können für kürzere Rohre mit gleicher Annäherung folgende Gleichungen aus Gl. 154 abgeleitet werden.

$$(185/186) \qquad \sigma_{x < x_0} = \sigma_{\min} \left(\frac{x}{x_0}\right)^{n-1}, \qquad \sigma_{m_{x < x_0}} = \int_0^x \sigma\, dx = \frac{\sigma_{\min}}{n} \left(\frac{x}{x_0}\right)^{n-1}$$

$$(187) \qquad\qquad\qquad \text{und} \qquad \sigma_0 = \frac{\sigma_{\min}}{n}.$$

Nach Gl. 155, 158 und 168 ist

$$(188/189) \qquad \sigma_0 = \sigma_{\min} \frac{1 - \zeta}{\zeta \ln S}, \qquad \text{so daß} \qquad n = \frac{\zeta \ln S}{1 - \zeta} \quad \text{ist.}$$

Der Fall, daß ein Rohr kürzer als x_0 ist, dürfte allerdings bei technischen Anwendungen kaum vorkommen. Ich möchte jedoch darauf hinweisen, daß hier ein Anhaltspunkt für die Größe der Wärmeübergangszahl von strömenden Flüssigkeiten an Drähte von Thermoelementen, welche rechtwinklig zur Strömungsrichtung stehen, gegeben ist. Diese Drähte können als ein Teil einer Rohrwand von der Länge $x =$ Drahtdurchmesser angesehen werden, während x_0 durch die Wärmeübergangszahl des Rohres selbst (Gl. 91 und 94) bestimmt ist. Da $\dfrac{x}{x_0}$ daher stets sehr klein ist, muß die Wärmeübergangszahl an das Thermoelement sehr erhebliche Werte annehmen.

Bemerkt sei, daß Gl. 159 für m Rohre, welche von einer Flüssigkeit **hintereinander** durchströmt werden, wenn vor jedem Rohr ein vollständiger Temperaturausgleich im Flüssigkeitsquerschnitt eintritt, lautet

$$(190) \qquad L = \frac{c_p\, G}{2\, \pi\, R} \cdot \frac{1}{\alpha_{\min}} \left[\ln \frac{T - t_1}{T - t_2} + m \cdot \ln (\zeta \cdot S) \right].$$

t_1 ist hier die Eintrittstemperatur in dem ersten Rohr, t_2 die Austrittstemperatur in dem letzten Rohr.

Wie sich $\sigma_{\min}$, ζ und S mit den Versuchsbedingungen ändern, wird im nächsten Kapitel untersucht.

E. Untersuchung über die Veränderung von $\sigma_{\min}$, ζ und S bei laminarer Strömung in Abhängigkeit von den Versuchsbedingungen.

Die Wärmeübergangszahl σ_m (für die ganze Länge des Rohres) ist nach Gl. 179 und 150 für ein zylindrisches Rohr

$$(191) \qquad \sigma_m = \frac{\lambda_{\text{Wand}}}{R} \cdot \Theta + \frac{3600 \cdot c_p\, \varrho_m\, w_m\, R}{2 \cdot L} (1 - \zeta - \zeta \ln S).$$

Da λ_{Wand}, $(c_p\, \varrho)_m$, w_m, R und L als gegebene Größen zu betrachten sind, ist nur zu untersuchen, wie sich die Größen Θ, ζ und S mit den Versuchsbedingungen ändern.

Die Berechnung der Größe S würde in jedem Fall die numerische Auswertung des vollständigen Integrals der Differentialgleichung 68 erfordern. Das ist, wie gesagt, nicht durchführbar, und

wir müssen uns daher mit einer summarischen Übersicht begnügen.
Wir kennen zwei Werte S:

für die ebene Wand fand sich . . $S = \dfrac{4}{\pi} = 1{,}275$ bei $\zeta = 0{,}636$,

für das runde Rohr fand sich . . $S = 1{,}602$ " $\zeta = 0{,}432$,
wir können hinzufügen, daß . . . $S = 1$ " $\zeta = 1$

werden muß, wie sich aus Gl. 188 ergibt, da $\dfrac{\sigma_0}{\sigma_{min}}$ nie $= 0$ werden kann. In erster Annäherung kann also S als Funktion von ζ allein in einer Kurve (siehe Diagr. 13) dargestellt werden, obwohl nicht verkannt wird, daß S auch eine Funktion von Rohrform, Geschwindigkeitsverteilung usw. sein wird und eine genaue Darstellung von S im S/ζ-Diagramm nur durch eine Schar von Kurven, die den Nullpunkt gemeinsam haben, gegeben werden kann.

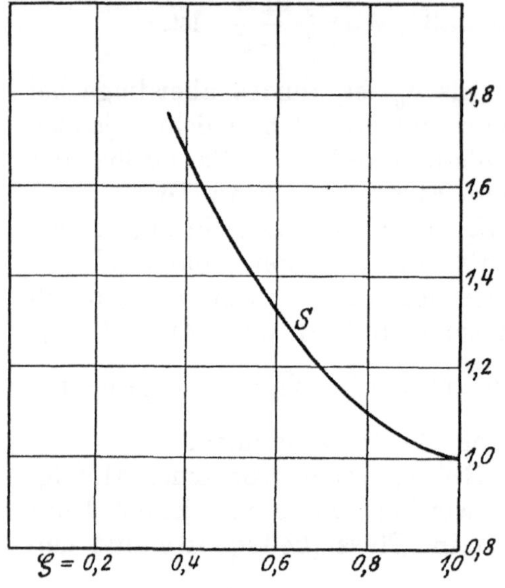

Abb. 23.   Diagramm 13.

Die Veränderung von Θ und ζ mit den Betriebsbedingungen kann dagegen ausführlich und genau verfolgt werden, da für die Berechnung dieser Größen bereits die erste partikuläre Lösung der Diff.-Gl. 72 genügt. Als veränderliche Betriebsbedingungen sind zu nennen:

1. Änderung der Geschwindigkeit über den Querschnitt,
2. " " Dichte " " "
3. " " Leitfähigkeit " " "

Wir haben also die erste partikulare Lösung der Diff.-Gl. 72 zu suchen, wenn λ, ϱ und w zwar noch unabhängig von x, aber abhängig von r sind.

Um möglichst allgemeine Schlußfolgerungen ziehen zu können, setze ich

$$(192) \qquad w = \frac{n+2}{n}\left(1 - y^{\frac{n}{2}}\right) w_m = w_m f(y),$$

womit allen möglichen Arten von Geschwindigkeitsverteilung über den Rohrquerschnitt angenähert Rechnung getragen werden kann: mit $n = 2$ ergibt sich die Geschwindigkeitsverteilung nach dem Poiseuilleschen Gesetz, mit $n = \infty$ $w = w_m = $ konst.

λ und ϱ sind bei Gasen Funktionen von T_{abs}. Es ist

$$(193/194) \qquad \lambda = \lambda_0 \frac{T}{T_0}, \qquad \varrho = \varrho_0 \frac{T_0}{T}.$$

Es wäre also zu setzen

$$(195/196) \quad \lambda = \lambda_0 \left(1 + \frac{(T-\vartheta)}{\vartheta_{\text{abs}}}(1-u_1)\right) \quad \text{und} \quad \varrho = \frac{\varrho_0}{1 + \dfrac{(T-\vartheta)}{\vartheta_{\text{abs}}}(1-u_1)}.$$

Damit würde aber die Differentialgleichung aufhören linear zu sein. Da es nicht Zweck der vorliegenden Untersuchung sein kann, für jeden Fall genaue Werte von σ anzugeben, sondern nur einen Überblick zu geben, in welcher Art und welchem Maße σ von den Versuchsbedingungen abhängig sein kann, so wird es genügen λ und ϱ als $f(r)$ darzustellen, wenn diese Funktion so gewählt wird, daß sie den zu erwartenden Funktionen u möglichst oder genügend nahe kommt. Ich setze daher

$$(197) \qquad \lambda = \lambda_0 \,\varphi\,(y) = \lambda_0\,[1 + b\,(1{,}5\,y - 0{,}5\,y^2)],$$

wobei

$$(198) \qquad b = \frac{T-\vartheta}{\vartheta_{\text{abs}}}.$$

Für ϱ genügt, wie sich zeigen wird, bereits die Annäherung

$$(199) \qquad \varrho = \varrho_0\,\psi\,(y) = \varrho_0\,(1 + ay).$$

Beide Fälle gestatten eine bequeme Integration durch Reihen. Es ist

$$(200) \qquad \varrho_m = \varrho_0 \left(1 + \frac{a}{3}\right),$$

$$(201) \qquad \lambda_{\text{Wand}} = \lambda_0\,(1 + b),$$

$$(202) \qquad \lambda_m = \lambda_0 \left[1 + \frac{T-\vartheta}{\vartheta_{\text{abs}}} \cdot \frac{t_m - \vartheta}{T-\vartheta}\right] = \lambda_0\,[1 + b\,(1 - \zeta)].$$

Die vorgelegte Differentialgleichung (76) geht damit über in

$$(203) \quad \lambda_0\,[1 + b\,(1{,}5\,y - 0{,}5\,y^2)]\left(y\,\frac{d^2u}{dy^2} + \frac{du}{dy}\right) + \lambda_0\,b\,(1{,}5 - y)\frac{du}{dy} =$$

$$= -u\beta \cdot \frac{3600 \cdot c_p\varrho_0 w_m R^2}{4} \cdot (1 + ay)\,\frac{n+2}{n}\left(1 - y^{\frac{n}{2}}\right)$$

oder

$$(204) \qquad [1 + b\,(1{,}5\,y - 0{,}5\,y^2)]\left(y\,\frac{d^2u}{dy^2} + \frac{du}{dy}\right) + b\,(1{,}5 - y)\frac{du}{dy} =$$

$$= -P \cdot u\,(1 - y^{\frac{n}{2}})(1 + ay)$$

mit $P = \beta M$ und

$$(205) \qquad M = \frac{3600}{4} \cdot \frac{c_p\,\varrho_m\,w_m\,R^2}{\lambda_{\text{Wand}}} \cdot \frac{(1 + b)}{\left(1 + \dfrac{a}{3}\right)} \cdot \frac{n+2}{n}.$$

Es ist in jedem Fall $\Theta = -2u'$ entsprechend Gl. 125a und

$$(206) \qquad \zeta = \frac{T - t_m}{T - \vartheta} = \frac{u_1'}{P_1} \cdot \frac{(1 + b)}{\left(1 + \dfrac{a}{3}\right)} \cdot \frac{(n + 2)}{n}$$

entsprechend Gl. 126.

Als Vergleichsbasis wähle ich die Verhältnisse im Rohr von kreisförmigem Querschnitt, die beim Wärmeübergang unterhalb der kritischen Geschwindigkeit gegeben sind, und zwar unter der Annahme, daß λ und ϱ über dem Rohrquerschnitt konstant sind. Die Geschwindigkeitsverteilung ist in diesem Fall bekannt: nach Gl. 192 mit $n = 2$. Die sich hierbei ergebende Gleichung für den radialen Temperaturabfall im Rohr für $x > \ln S \cdot M : P_1$ bezeichne ich als Grundgleichung, die dazugehörigen Werte σ, Θ, ζ und S mit dem Index G. Wir gelangen zu dieser Grundgleichung, wenn wir in Differentialgleichung 204 setzen : $n = 2$, $a = 0$, $b = 0$. Die Differentialgleichung nimmt damit die Form an

$$(207/208) \; y\frac{du^2}{dy^2} + \frac{du}{dy} = - P \cdot u (1 - y), \qquad M = 3600 \cdot \frac{c_p \varrho w R^2}{2\lambda}.$$

Ich setze nun

$$(209) \qquad u = A_0 - A_1 y + A_2 \cdot y^2 - A_3 y^3 + \dots$$

Die Grenzbedingung 1_u) erfordert $A_0 = 1$, die Grenzbedingung 3_u) $u = 0$ bei $y = 1$, was erfüllt ist, wenn die Koeffizienten A_n sind:

$$(210/211) \quad A_1 = P, \qquad\qquad A_3 = \frac{P}{3^2}(A_2 + A_1),$$

$$(212/213) \quad A_2 = \frac{P}{2^2}(A_1 + A_0), \qquad A_n = \frac{P}{n^2}(A_{n-1} + A_{n-2}).$$

Für verschiedene Werte von P ergibt sich für u bei $y = 1$ eine oszillierende Kurve; die den Nullstellen der Kurve entsprechenden Werte P sind Lösungen der Gleichung.

Ich fand $P_1 = 1{,}825$; $P_2 = 11{,}15$; $P_3 = 28{,}5$; $P_4 = 53{,}3$, in Übereinstimmung mit den Werten $\dfrac{\beta^2}{4}$ von Nusselt (L. N. 4) und $u_1' = -0{,}509$; $u_2' = 0{,}68$; $u_3' = -0{,}775$; $u_4' = 0{,}836$. Indessen genügt für die vorliegende Aufgabe in jedem Fall die Bestimmung der ersten partikularen Lösung der Differentialgleichung, also von P_1 und u_1'.

Die Grundgleichung lautet also mit $P_1 = 1{,}825$:

$$(214) \quad T - t = (T - \vartheta) \left(1 - 1{,}825\,\frac{r^2}{R^2} + 1{,}2889\,\frac{r^4}{R^4} - 0{,}6324\,\frac{r^6}{R^6} + \right.$$

$$\left. + 0{,}2195\,\frac{r^8}{R^8} - 0{,}0623\,\frac{r^{10}}{R^{10}} + 0{,}0143\,\frac{r^{12}}{R^{12}} - 0{,}0029\,\frac{r^{14}}{R^{14}} + 0{,}005\,\frac{r^{16}}{R^{16}}\right).$$

Dabei ist $u'_{1G} = -0,509$. Es wird daher

$$(215) \qquad \Theta_G = -2 \cdot u_1' = 1,018,$$

$$(216) \qquad \zeta_G = \frac{T - t_m}{T - \vartheta} = -\frac{2 \cdot u_1'}{P_1} = 0,557.$$

Aus der Kurve Diagramm 13 entnehme ich $S = 1,38$. Hier ist zunächst festzustellen, daß $\sigma_{\min}$ unabhängig ist von ϱ und w und umgekehrt proportional der ersten Potenz des Rohrdurchmessers.

1. Abhängigkeit von der Geschwindigkeitsverteilung.

Mit $n = \infty$ ist der zweite Grenzfall für die Geschwindigkeitsverteilung, d. i. $w = $ konst. gegeben. Aus Abschn. B sind bereits die Werte $P_1 = 1,445$ und $u_1' = -0,624$ bekannt. Damit wird

$$\Theta = 1,248, \quad \zeta = -\frac{u_1'}{P_1} = 0,432, \quad S = 1,602.$$

Daraus geht hervor, daß $\sigma_{\min}$ innerhalb der Grenzen der möglichen Geschwindigkeitsverteilung nur um ca. $20^0/_0$ zunehmen kann gegen $\sigma_{\min G}$.

2. Abhängigkeit von der Änderung der Dichte über den Querschnitt.

Wir finden diese Abhängigkeit, indem wir in Differentialgleichung 204 a verschiedene Werte beilegen und $b = 0$ setzen. Die Konstanten der Reihe Gl. 209 sind:

$$(217) \qquad A_n = \frac{P}{n^2}\left(A_n - 1 + [1 - a]\,A_{n-2} - a\,A_{n-3}\right).$$

Die Reihe konvergiert für $a > -1$.

Für $\dfrac{\varrho_{\text{Wand}}}{\varrho_0} = \dfrac{1}{2}$ ist $a = -\dfrac{1}{2}$. Damit findet sich $P_1 = 2,00$; $u_1' = -0,478$. Damit wird: $\Theta = 0,956$; $\zeta = -\dfrac{2 \cdot u_1'}{P_1} \cdot \dfrac{1}{1 - \dfrac{0,5}{3}} = 0,572$, $S = 1,36$.

Für $\dfrac{\varrho_{\text{Wand}}}{\varrho_0} = 2$ ist $a = +1$. Damit findet sich $P_1 = 1,55$; $u_1' = -0,565$. Damit wird: $\Theta = 1,13$; $\zeta = 0,545$; $S = 1,400$.

Die Abnahme der Dichte von Rohrachse zur Rohrwand auf den halben Wert verringert also Θ um nur ca. $6^0/_0$ gegen Θ_G; die Zunahme der Dichte in gleicher Richtung auf den doppelten Wert vergrößert Θ um ca. $10^0/_0$. Der Einfluß der Veränderung der Dichte über den Querschnitt ist also unbedeutend; der Ansatz für ϱ nach Gl. 199 ist also als genügend genau anzusehen.

3. Abhängigkeit von der Änderung der Leitfähigkeit über den Querschnitt.

Diese finden wir, indem wir b in Differentialgleichung 204 verschiedene Werte beilegen. Die Konstanten der Reihe Gl. 209 sind:

$$A_0 = 1,$$

$$(218) \qquad A_n = \frac{P}{n^2} \cdot (A_{n-1} + A_{n-2}) + \frac{b}{n^2} \cdot A_{n-1} (1,5 [n-1]^2 - [n-1] +$$

$$+ 0,5 [n-2]^2 A_{n-2}).$$

Die Reihe konvergiert für $b < 0,5$. Die Rechnung wurde durchgeführt für $b = + 0,25$; $-0,25$ und $-0,50$. Entsprechend: $\frac{\lambda_{\text{Wand}}}{\lambda_0} = 1,25 \quad 0,75 \quad 0,50$. Die Werte P_1, u_1', ζ und S sind in Tabelle 1, Zeile 3 bis 6 eingetragen.

Tabelle 1.

1	$b = + 0,25$		0	$-0,25$	$-0,50$
2	$\dfrac{\lambda_0}{\lambda_w} =$	0,80	1,0	1,333	2,0
3	$P_1 =$	2,09	1,825	1,54	1,24
4	$u_1 = -0,447$		$-0,509 = u_{1G}'$	$-0,611$	$-0,755$
5	$\zeta =$	0,535	0,557	0,594	0,609
6	$S =$	1,42	1,38	1,32	1,30
7	$\dfrac{\sigma_{mm}}{c\,\lambda\,\text{Wand}} =$	0,878	1,0	1,200	1,480
8	$\dfrac{\lambda_0}{\lambda_m} =$	0,897	1,0	1,112	1,242
9	$\dfrac{\lambda\,\text{Wand}}{\lambda_m} =$	1,12	1,0	0,834	0,620
10	$\dfrac{\alpha\min}{c\,\lambda_m} =$	1,025	1,0	0,938	0,837

Die Werte u_1' sind in Diagramm 14 über $\frac{\lambda_0}{\lambda_{\text{Wand}}}$ aufgetragen; die Kurve ist nach der Gleichung:

$$(219) \qquad - u_1' = c \left(\frac{\lambda_0}{\lambda_{\text{Wand}}} \right)^{0,575}$$

eingezeichnet, sie gibt die u_1'-Werte genau wieder. Da nach Definition

$$\sigma_{\min} = \frac{\lambda_{\text{Wand}}}{R} \cdot (- 2 u'),$$

so ist:

$$(220) \qquad \sigma_{\min} = c \cdot \lambda_{\text{Wand}} \left(\frac{\lambda_0}{\lambda_{\text{Wand}}} \right)^{0,575} = c \cdot \lambda_{\text{Wand}}^{0,425} \cdot \lambda_0^{0,575},$$

d. h. der Einfluß von λ_0 überwiegt den Einfluß von λ_{Wand}.

Das Bild ändert sich nur wenig, wenn man, wie gebräuchlich,

$$\alpha_{\min} = \lambda_{\text{Wand}} \frac{\dfrac{dt}{dr}}{T - t_m} = \lambda_{\text{Wand}} \cdot \frac{(-2u')}{R} \cdot \frac{1}{\zeta} \quad \text{bildet und die Werte } \lambda_{\text{Wand}}$$

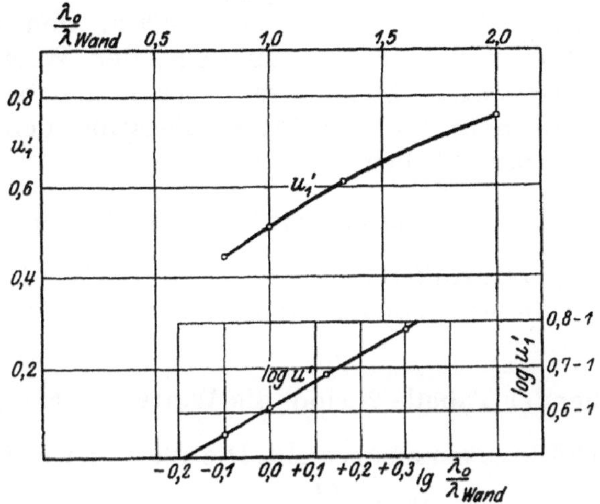

Abb. 24.　Diagramm 14.

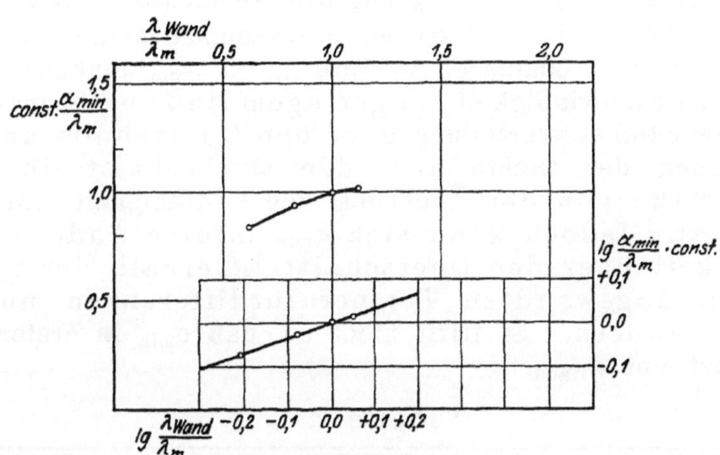

Abb. 25.　Diagramm 15.

und λ_m (die Leitfähigkeit bei der mittleren Temperatur der Flüssigkeit im Querschnitt) einführt. In Zeile 7 der Tabelle 1 sind die Werte:

$$(221) \qquad \frac{\sigma_{\min}}{c\,\lambda_{\text{Wand}}} = \left(\frac{\lambda_0}{\lambda_{\text{Wand}}}\right)^{0,575} = \frac{u_1'}{u_{1G}'}$$

eingetragen. Indem wir diese Werte mit $\dfrac{\lambda_{\text{Wand}}}{\lambda_m}$ multiplizieren und durch ζ dividieren, finden wir $\dfrac{\alpha_{\min}}{c\,\lambda_m}$ (Zeile 10). Diese Werte sind im Diagramm 15 über $\dfrac{\lambda_{\text{Wand}}}{\lambda_m}$ eingetragen. Die Kurve ist nach der

Gleichung $\alpha = c \left(\dfrac{\lambda_{\text{Wand}}}{\lambda_m}\right)^{0,37}$ eingezeichnet. Es ist also:

$$(222) \qquad \alpha_{\min} = c\, \lambda_m^{0,63} \cdot \lambda_{\text{Wand}}^{0,37}.$$

Der Einfluß von λ_m überwiegt also bei weitem den Einfluß von λ_{Wand}. Mithin ist es vollkommen unzulässig, den Wert α in erster Linie von dem Wert λ_{Wand} abhängig zu machen und bei Aufstellung von empirischen Formeln für den Wärmeübergang den Wert λ_{Wand} in erster Potenz herauszuheben.

Da $b = \dfrac{T - \vartheta}{\vartheta_{\text{abs}}}$ ist, so entspricht mit $\vartheta = 300^0$ abs. dem Werte $b = 0,5$ bereits eine Temperaturdifferenz $(T - \vartheta)$ von 150^0 C. Hervorzuheben ist, daß bei dieser großen Temperaturdifferenz Θ nur ca. $= 1,5$ werden kann.

In nachstehender Tabelle 2 sind die Werte P_1, Θ, ζ, S und $\dfrac{\Theta}{\zeta}$ der untersuchten Fälle zusammengestellt. Die Werte S wurden der Kurve Diagr. 13 entnommen. Die Werte $\dfrac{\Theta}{\zeta}$ sind $\alpha_{\min}$ proportional und zeigen somit die Veränderung von $\alpha_{\min}$ mit den Versuchsbedingungen.

Die Ergebnisse der Untersuchung zusammenfassend, kann also gesagt werden: Bei **laminarer Strömung** ist $\sigma_{\min}$ **unabhängig** von **Dichte und Geschwindigkeit**; in geringem Maße **unabhängig** von der **Geschwindigkeitsverteilung** über den Querschnitt und von der **Änderung der Dichte** über den Querschnitt; in etwas höherem Maße von der **Änderung der Leitfähigkeit** über den Querschnitt. Jedoch kann sich $\sigma_{\min}$ infolge Änderung der Leitfähigkeit über den Querschnitt innerhalb der bei den Versuchen angewandten Temperaturdifferenzen nur um $+ 50^0/_0$ verändern. **Es trifft nicht zu, daß** $\sigma_{\min}$ **in erster Linie abhängig ist von** λ_{Wand}.

Tabelle 2.

	An ebener Wand			Rundes Rohr				
	$w = \text{konst.}$			$w = 2\, w_m \left(1 - \dfrac{r^2}{R^2}\right)$				
	$\varrho,\ \lambda = \text{konst.}$			$\varrho_{\text{Wand}} : \varrho_0 =$		$\lambda_{\text{Wand}} : \lambda_0 =$		
				0,5	2,0	1,25	0,75	0,5
P_1	2,46	1,445	1,825	2,00	1,55	2,09	1,540	1,240
Θ	1,57	1,248	1,018	0,956	1,13	0,894	1,222	1,510
ζ	0,686	0,432	0,557	0,572	0,545	0,535	0,594	0,609
S	1,275	1,602	1,38	1,36	1,40	1,42	1,32	1,30
$\dfrac{\Theta}{\zeta}$	2,46	2,89	1,825	1,67	2,07	1,67	2,06	2,48

F. Der Wärmeübergang bei turbulenter Strömung.

Das Ergebnis der bisherigen Untersuchung steht, wenn man es auf turbulente Strömung anwenden wollte, erstens im Widerspruch mit der Tatsache, daß α oberhalb der kritischen Geschwindigkeit, die für alle Medien durch die Gleichung

$$(223) \qquad w_{\text{krit}} = c\,\frac{\eta}{d\cdot\varrho}$$

gegeben ist und sich durch die Änderung des Strömungswiderstandsgesetzes kennzeichnet, von der Strömungsgeschwindigkeit und Dichte wesentlich abhängig ist, und zwar mit diesen beiden Größen zunimmt. Für Wasser ist das durch zahllose Versuche verschiedener Forscher nachgewiesen — für Gase durch Nusselt und Gröber (L. N. 3 und 8). Zweitens haben punktweise Messungen der Temperatur im Rohrquerschnitt (Versuche von Gröber, L. N. 8 für Luft) gezeigt, daß Θ sehr große Werte annimmt — ebenfalls im Widerspruch mit dem Ergebnis obiger Untersuchung. Für Wasser ergibt sich dasselbe aus allen Versuchen, wenn man die Werte $\dfrac{R\,\dfrac{dt}{dr}}{T-t_m}=\dfrac{a\,R}{\lambda}$ bildet. Es muß also bei Überschreiten der kritischen Geschwindigkeit ein Faktor auftreten, der den Wärmeübergang wesentlich beeinflußt.

1. Die Mischbewegung.

Aus Versuchen von Osborn Reynolds (L. N. 9) ist bekannt, daß in Wasser bei Überschreiten der kritischen Geschwindigkeit Mischbewegungen auftreten, die Reynolds durch die Farbenstreifenmethode sichtbar gemacht hat: ein in der Rohrachse befindlicher gefärbter Flüssigkeitsstreifen, der unterhalb der kritischen Geschwindigkeit scharf begrenzt bleibt, platzt bei Überschreiten der kritischen Geschwindigkeit auseinander und färbt, wie Reynolds sagt, den ganzen Rohrinhalt von Rohrachse bis Rohrwand. Gleichzeitig nimmt, wie der Versuch von Barnes und Coker (L. N. 10) gezeigt hat, der Wärmeübergang sprungweise zu: ein in der Achse eines von außen beheizten Rohres befindliches Thermometer zeigt ein plötzliches Ansteigen der Temperatur an, während es bis an die kritische Geschwindigkeit heran mit zunehmender Geschwindigkeit abnehmende Temperatur zeigen muß.

Für Gase konnte die Mischbewegung, trotz dahingehender Bemühungen von Ruckes (L. N. 11), nicht sichtbar gemacht werden. Doch muß schon aus dem Bestehen der kritischen Geschwindigkeit auf das Auftreten von Mischbewegungen geschlossen werden, und Nusselts Versuche (L. N. 3) zeigen, daß auch bei Gasen der Wärmeübergang von der kritischen Geschwindigkeit ab zunimmt — wenn auch nicht so sprungweise wie bei Wasser. Wenn der Grad der

Änderung des Wärmeübergangs bei Gasen und tropfbaren Flüssigkeiten auch verschieden ist, so muß die Erscheinung selbst die gleiche Ursache haben — die Mischbewegung.

Die Verfärbung des ganzen Rohrinhalts von der Rohrachse aus beweist, daß nicht nur ein Austausch von Flüssigkeitsteilchen zwischen unmittelbar benachbarten Schichten stattfindet, sondern daß ein Flüssigkeitsteilchen von der Rohrachse bis an die Rohrwand oder in die Nähe derselben wandern kann, und daß in feiner Verteilung eine große Anzahl Flüssigkeitsteilchen in verschiedenen Richtungen gleichzeitig die Wanderung antreten.

Die Geschwindigkeit der Teilchen kann in gleichem Abstand von der Rohrachse verschiedene Größe und in bezug auf den Umfang verschiedene Richtung haben; wegen der Kontinuität muß aber

$$(224) \qquad \Sigma(+\, w_r \varDelta\varphi) + \Sigma(-\, w_r \varDelta\varphi) = 0$$

sein, wenn w_r die Komponente der Geschwindigkeit des Flüssigkeitsteilchens in der Richtung des Radius ist und $\varDelta\varphi$ ein Bogenelement in Teilen des Umfanges ausgedrückt. $\Sigma w_r \varDelta\varphi$ kann zusammengefaßt werden in $\mathfrak{w}\varphi$, womit wird

$$(225) \qquad (+\, \mathfrak{w}\varphi) + (-\, \mathfrak{w}\varphi) = 0,$$

es muß also $(\mathfrak{w}\,\varphi)_{\text{einwärts}} = (\mathfrak{w}\,\varphi)_{\text{auswärts}}$ sein, daher kann auch unterstellt werden, daß $\mathfrak{w}_{\text{einwärts}} = \mathfrak{w}_{\text{auswärts}}$ und $\varphi_{\text{einwärts}} = \varphi_{\text{auswärts}}$ ist.

Dementsprechend wird nun w nicht mehr die Geschwindigkeit eines Flüssigkeitsteilchens, sondern die mittlere axiale Komponente der Geschwindigkeit aller Flüssigkeitsteilchen in gleichem Abstande von der Rohrachse bezeichnen müssen, d. h. im Volumen $2\,\pi r\, dr\, dx$.

Wenn wir annehmen dürfen, daß die Verteilung der Mischströme so gleichmäßig über den Querschnitt ist und so fein, daß die Temperaturunterschiede in gleichem Abstand von der Rohrachse vernachlässigt werden können, so kommt ein Einfluß der Geschwindigkeitskomponenten senkrecht zum Radius nicht in Frage.

Damit sind wir imstande, die Differentialgleichung der Temperaturänderung im Rohr bei turbulenter Strömung aufzustellen.

2. Die Differentialgleichung des Temperaturverlaufs bei turbulenter Strömung.

Bei Aufstellung dieser Gleichung müssen wir berücksichtigen, daß t nicht mehr die Temperatur eines materiellen Punktes, sondern die mittlere Temperatur des Volumens $2\,\pi r\, dx\, dr$ ist. Wenn dem Rohr von der Wand aus Wärme zugeführt wird, so ist die Temperatur der sich zur Rohrwand hin bewegenden Teilchen stets geringer als $t - \dfrac{\partial t}{\partial r}\cdot dr$, die Temperatur der sich zur Rohrachse hin bewegenden, aber größer als $t + \dfrac{\partial t}{\partial r}\cdot dr$. Der Unterschied kann sehr erheblich werden und endliche Größe annehmen. Diesem Umstand können wir dadurch Rechnung tragen, daß wir die mittlere Temperatur der einem Volumen $2\pi r\,dr\,dx$ zu- oder abwandernden Teilchen gleich $t\pm N\dfrac{\partial t}{\partial r}\cdot dr$ setzen, wobei ein besonderer Index 1 und 2 den Proportionalitätsfaktor N für zur Rohrachse bzw. zur Rohrwand wandernde Teilchen kennzeichnen soll. N ist jedenfalls eine $f(r)$. Mit diesen Festsetzungen können die Wärmemengen, die bei turbulenter Strömung außer den Wärmemengen dQ_1 bis dQ_6 (Gl. 61 bis 66) einem Volumen $2\pi r\,dr\,dx$ zugeführt werden, wie folgt angegeben werden.

Es werden zugeführt:

durch den Zylindermantel $2\pi r\,dx$ bei r:

$$(226)\qquad dQ_7 = 3600\cdot 2\pi r\,c_p\varrho\,\mathfrak{w}\,\varphi\left(t - N_1\frac{\partial t}{\partial r}\cdot dr\right)dx,$$

$$(227)\qquad dQ_8 = -\,3600\cdot 2\pi r\,c_p\varrho\,\mathfrak{w}\,\varphi\left(t + N_2\frac{\partial t}{\partial r}\cdot dr\right)dx;$$

durch den Zylindermantel $2\pi r\,dx$ bei $(r+dr)$:

$$(228)\qquad dQ_9 = 3600\cdot 2\pi\left[t + \left(N_2 + \frac{\partial N_2}{\partial r}\,dr\right)\left(\frac{\partial t}{\partial r} + \frac{\partial^2 t}{\partial r^2}\cdot dr\right)dr\right]\times$$

$$\times\left[r\,c_p\varrho\,\mathfrak{w}\,\varphi + \frac{\partial}{\partial r}(r\,c_p\varrho\,\mathfrak{w}\,\varphi)\,dr)\right]dx,$$

$$(229)\quad dQ_{10} = -\,3600\cdot 2\pi\cdot\left[t - \left(N_1 + \frac{\partial N_1}{\partial r}\cdot dr\right)\left(\frac{\partial t}{\partial r} + \frac{\partial^2 t}{\partial r^2}\,dr\right)dr\right]\times$$

$$\times\left[r\,c_n\varrho\,\mathfrak{w}\,\varphi + \frac{\partial}{\partial r}(r\,c_p\varrho\,\mathfrak{w}\,\varphi)\,dr\right]\cdot dx;$$

folglich ist

$$(230)\quad dQ_7 + dQ_8 = -\,3600\cdot 2\pi r\,c_p\varrho\,\mathfrak{w}\,\varphi\,(N_1 + N_2)\frac{\partial t}{\partial r}\cdot dr\cdot dx;$$

$$(231)\quad dQ_9 + dQ_{10} = 3600\cdot 2\pi r\,c_p\varrho\,\mathfrak{w}\,\varphi\,(N_1 + N_2)\frac{\partial t}{\partial r}\cdot dr\,dx +$$

$$+\,3600\cdot 2\pi r\,c_p\varrho\,\mathfrak{w}\,\varphi\,(N_1 + N_2)\frac{\partial^2 t}{\partial r^2}\cdot dr^3\,dx +$$

$$+\,3600\cdot 2\pi(N_1 + N_2)\left(\frac{\partial t}{\partial r} + \frac{\partial^2 t}{\partial r^2}\cdot dr\right)\frac{\partial}{\partial r}(r\,c_p\varrho\,\mathfrak{w}\,\varphi)\,dr^2\cdot dx +$$

$$+\,3600\cdot 2\pi\frac{\partial(N_1 + N_2)}{\partial r}\cdot\left(\frac{\partial t}{\partial r} + \frac{\partial^2 t}{\partial r^2}\cdot dr\right)\times$$

$$\times\left[r\,c_p\varrho\,\mathfrak{w}\,\varphi + \frac{\partial}{\partial r}(r\,c_p\varrho\,\mathfrak{w}\,\varphi)\,dr\right]dr^2\,dx;$$

folglich ist:

$$(232) \quad \sum_{7}^{10} dQ_n = 3600 \cdot 2\,\pi\,r\,dr\,dx\left[c_p\varrho\,\mathfrak{w}\,\varphi\,(N_1+N_2)\,dr\left(\frac{\partial^2 t}{\partial r^2}+\frac{1}{r}\frac{\partial t}{\partial r}\right)+\right.$$

$$\left.+\,\frac{\partial}{\partial r}\,(c_p\varrho\,\mathfrak{w}\,\varphi\,(N_1+N_2)\,dr)\cdot\frac{\partial t}{\partial r}\right].$$

Für den Faktor dr kann $\mu =$ Durchmesser eines Moleküls geschrieben werden, als dem Mindestintervall, in dem t konstant ist. Für $3600\,(N_1+N_2)$ können wir N schreiben.

Gl. 232 können wir also auch schreiben, indem wir $N\mu\,c_p\varrho\,\mathfrak{w}\,\varphi = \tau$ setzen:

$$(233) \qquad \sum_{7}^{10} dQ_n = 2\,\pi\,r\,dr\,dx\left[\tau\left(\frac{\partial^2 t}{\partial r^2}+\frac{1}{r}\frac{\partial t}{\partial r}\right)+\frac{\partial\tau}{\partial r}\cdot\frac{\partial t}{\partial r}\right].$$

τ ist von gleicher Dimension wie λ und mißt den Wärmetransport der Mischbewegung.

Da $\sum_{1}^{10} dQ_n = 0$ sein muß, wird die Differentialgleichung für turbulente Strömung zu

$$(234) \quad (\lambda+\tau)\left(\frac{\partial^2 t}{\partial r^2}+\frac{1}{r}\frac{\partial t}{\partial r}\right)+\frac{\partial}{\partial r}\,(\lambda+\tau)\cdot\frac{\partial t}{\partial r} = 3600\cdot c_p\varrho\,w\,\frac{\partial t}{\partial x}.$$

Sie unterscheidet sich also von der Gleichung für laminare Strömung (Gl. 68) nur dadurch, daß $\lambda + N\mu\,c_p\varrho\,\mathfrak{w}\,\varphi = \lambda + \tau$ für λ gesetzt ist. Die Lösung der Gleichung ist also bereits gegeben, und die Ergebnisse der Untersuchung (Abschn. B und D) sinngemäß anwendbar. An der Rohrwand tritt keine Wärmemischung auf. Föppl weist (L. N. 12) darauf hin, daß an der Rohrwand überhaupt keine Mischbewegung vorhanden sein kann; da eine solche aber nicht plötzlich an der Wand aufhören kann, muß sie von einem Maximum, das an irgendeiner Stelle im Rohrquerschnitt vorhanden sein muß, in der Richtung zur Rohrwand abnehmen und an dieser zu Null werden. Mit $\mathfrak{w} = 0$ wird also an der Rohrwand

$$(235) \qquad\qquad \lambda + N\mu\cdot c_p\varrho\,\mathfrak{w}\,\varphi = \lambda_{\text{Wand}}.$$

Nach Annahme ist N ein so großer Wert, daß $N\cdot\dfrac{\partial t}{\partial r}\cdot dr$ endlich große Werte annehmen kann, folglich wird auch τ, wenn $\mathfrak{w}$ genügend groß ist, so große Werte annehmen können, daß λ dagegen verschwindet. Dann wird auch $\dfrac{\lambda_0 + N\mu\,c_p\varrho\,\mathfrak{w}\,\varphi}{\lambda_{\text{Wand}}}$ sehr groß werden, und damit nach Gl. 220 auch $\sigma_{\min}$ und Θ. Wie das Auftreten der Mischbewegung von der Zähigkeit abhängt, so wird auch die Intensität der Mischbewegung, der Turbulenzgrad, und damit die Größe $\mathfrak{w}$, von der Zähigkeit abhängen müssen, was durch die vorstehend beschriebenen Versuche bestätigt wird.

3. Der Temperatursprung an der Wand.

Gröbers[1]) Temperaturmessung im Rohrquerschnitt hat einen so steilen Temperaturabfall an der Wand ergeben, daß man nahezu von einem scheinbaren Temperatursprung reden kann. Daraus ist zu schließen, daß $N\mu\mathfrak{w}\varrho$ noch in einer dünnen Schicht δ an der Wand sehr klein bleibt und dann in scharfem Übergange auf große Werte kommt. Eine ähnliche Temperaturkurve ergibt sich nämlich, wenn man die vorliegenden Verhältnisse schematisiert und annimmt, daß $N\mu\mathfrak{w}$ ein beliebiger konstanter Wert von $r=0$ bis r_0 ist, von $r=r_0$ bis R, aber $N\mu\mathfrak{w}=0$ ist. Es sei ferner auch $w=$ konst. von 0 bis r_0, und nehme von r_0 bis R in irgendeiner Weise stetig bis auf 0 ab. $\lambda + N\mu c_p\varrho\mathfrak{w}\varphi$ von $r=0$ bis r_0 bezeichnen wir der Kürze wegen mit λ_{Kern}. Wegen der Annahme, daß λ_{Wand} sprungweise in λ_{Kern} übergeht, wird die Temperaturkurve bei r_0 einen Knick aufweisen, der um so schärfer sein muß, je größer $\dfrac{\lambda_{\mathrm{Kern}}}{\lambda_{\mathrm{Wand}}}$ ist; ist $r_0 \sim R$, so wird der Eindruck eines Temperatursprungs an der Wand hervorgerufen.

Beide Teile der Temperaturkurve müssen der Differentialgleichung 68 genügen, wenn sinngemäß λ_{Kern} und λ_{Wand}, wie auch w eingesetzt wird. Die Grenzbedingungen für den Teil der Kurve von $r=0$ bis $r=r_0$ sind, wenn im Radius r_0 die Temperatur t gleich T' ist:

$$(236) \qquad 1. \quad \text{für } y=0 : T-t=T-\vartheta,$$

$$(237) \qquad 2. \quad \text{für } y=\frac{r_0{}^2}{R^2} : T-t=T-T'=e\cdot(T-\vartheta),$$

$$(238) \qquad 3. \quad \text{für } y=0 : \frac{dt}{dr}=0;$$

$$(239) \qquad e=\frac{T-T'}{T-\vartheta}$$

wollen wir den Temperatursprung nennen.

Für den Teil von r_0 bis R sind die Grenzbedingungen:

$$(240) \qquad 1. \quad \text{für } y=\frac{r_0{}^2}{R^2} : T-t=T-T'=e\cdot(T-\vartheta),$$

$$(241) \qquad 2. \quad \text{für } y=1 : T-t=0,$$

$$(242) \qquad 3. \quad \text{für } y=\frac{r_0{}^2}{R^2} : \frac{dt}{dr}=\frac{\lambda_{\mathrm{Kern}}}{\lambda_{\mathrm{Wand}}}\cdot\frac{dt}{dr} \text{ des ersten Kurventeils.}$$

Ist $r_0 \sim R$, also die Flüssigkeitsschicht δ mit λ_{Wand} sehr dünn, so kann für den ersten Kurventeil (0 bis r_0) statt der zweiten Grenzbedingung auch gesetzt werden:

$$(243) \qquad T-t=T-T' \quad \text{für } y=1.$$

---

[1]) L. N. 8.

                    Theoretische Untersuchung.

Tabelle 3.

	e	P_1	Θ_{Kern}	ζ	S
$w = \mathrm{konst.}$	0	1,445	1,248	0,432	1,60
	0,2	1,040	1,460	0,573	1,35
	0,4	0,725	1,640	0,678	1,22
	0,6	0,448	1,770	0,790	1,12
	0,8	0,210	1,880	0,896	1,05
	1,0	$[0,0]^{1)}$	$[2,0]^{1)}$	$[1,0]$	$[1,0]$
$w = 2w_m\left(1 - \dfrac{r^2}{R^2}\right)$	0	1,82	$1,018 = \Theta_G$	0,557	1,37
	0,368	1,00	1,165	0,734	1,16
	0,655	0,50	1,250	0,861	1,07
	0,786	0,30	1,280	0,916	1,035
	0,926	0,10	1,315	0,971	1,012

Ich habe die Werte P_1, Θ_{Kern}, ζ und S für verschiedene
Werte e bei $w = \mathrm{konst.}$ einerseits und Geschwindigkeitsverteilung
nach Poiseuille andererseits berechnet (s. Tabelle 3). Θ_{Kern} ist hierin
$\left(\dfrac{R\dfrac{dt}{dr}}{T' - \vartheta}\right)_{r_0}$ im turbulenten Kern, zum Unterschied von Θ an der
Wand selbst. Die graphische Darstellung der Werte Θ_{Kern} über e
würde 2 Kurven ergeben. Vergegenwärtigt man sich jedoch, daß
$e = 0$ — kein Temperatursprung, weil keine Mischbewegung — nur
in Frage kommt bei laminarer Strömung, also bei Geschwindigkeitsverteilung nach Poiseuille, während $e = 1$ nur in Frage kommt
bei sehr starker Mischbewegung, also sehr hohen Strömungsgeschwindigkeiten, demnach bei einer Geschwindigkeitsverteilung, die $w = \mathrm{konst.}$
nahekommt, so ist es klar, daß sich Θ_{Kern} tatsächlich weder nach
der einen noch nach der anderen Kurve verändern wird, sondern
in der Weise, daß es von $\Theta_{\mathrm{Kern}} = \Theta_G = 1,02$ bei $e = 0$ bis auf
$\Theta_{\mathrm{Kern}} = 2,0 \sim 2 \cdot \Theta_G$ bei $e = 1$ zunehmen wird, so daß man mit genügender Annäherung schreiben kann:

$$(244) \qquad\qquad \Theta_{\mathrm{Kern}} = (1 + e)\,\Theta_G.$$

Ist $\dfrac{\delta}{R}$ genügend klein, so kann man den Temperaturabfall von
T auf T' als gerade Linie annehmen. Dann ist

$$(245) \qquad \frac{\lambda_{\mathrm{Wand}}}{\delta}(T - T') = \frac{\lambda_{\mathrm{Kern}}}{R}\,\Theta_{\mathrm{Kern}}(T' - \vartheta) = \sigma_{\min}(T - \vartheta)$$

und folglich

---

[1] Extrapoliert.

Die empirischen Gl. 51 und 54, die rein mathematisch aus dem Verlauf der Kurven abgeleitet wurden, entsprechen zwar dem oben abgeleiteten Schema, können jedoch kaum als physikalisch richtig angesehen werden, da sie $\dfrac{\delta}{\lambda_{\text{Wand}}}$ als unabhängig von Temperatur und Geschwindigkeit hinstellen. In Ermangelung weiterer Anhaltspunkte konnten indessen keine anderen Formeln abgeleitet werden. Die benötigten Anhaltspunkte können nur durch Messungen erlangt werden, bei denen der Temperaturverlauf von Rohrachse zu Rohrwand und die Größe und Art des scheinbaren Temperatursprungs durch punktweise Temperaturmessung festgestellt werden.

G. Nusselts Gleichung für den Wärmeübergang.

Die Ergebnisse meiner theoretischen Untersuchung und meiner Versuche stehen zum Teil im Widerspruch mit Nusselts Gleichungen für den Wärmeübergang, welche für alle Medien Geltung haben sollen. Es sind daher die Quellen der Widersprüche aufzudecken und der Geltungsbereich der Nusseltschen Gleichungen festzulegen.

Die Nusseltschen Gleichungen lauten:

Nach „Wärmeübergang in Rohrleitungen" (L. N. 3)

$$(248) \qquad \alpha = b\,\frac{\lambda_{\text{Wand}}}{d}\left(\frac{w\varrho d}{\eta}\right)^{n}\left(\frac{c_p\eta}{\lambda_m}\right)^{m}$$

oder mit $m = n$

$$(249) \qquad = b\,\frac{\lambda_{\text{Wand}}}{d}\left(\frac{c_p\varrho w d}{\lambda_m}\right)^{n}$$

nach „Wärmeübergang im Rohr" (L. N. 5)

$$(250) \qquad \alpha_m = b'\,\frac{\lambda_m}{d}\left(\frac{c_p\varrho w d}{\lambda_m}\right)^{n}\left(\frac{d}{L}\right)^{p}.$$

Hierin bedeutet: λ_{Wand} die Wärmeleitfähigkeit der Flüssigkeit bei der Temperatur der Rohrwand; λ_m die Wärmeleitfähigkeit der Flüssigkeit bei der mittleren Temperatur der Flüssigkeit; w die mittlere Strömungsgeschwindigkeit; c_p, ϱ, η die spez. Wärme, Dichte und Zähigkeit der Flüssigkeit bei dem im Rohr herrschenden Druck und der mittleren Temperatur; d den Rohrdurchmesser; L die Länge des Rohres; b bzw. b' eine Konstante.

Gl. 250 trägt der Veränderlichkeit mit der Rohrlänge Rechnung.

Gl. 248 kann im allgemeinen als Sonderfall von Gl. 250 für $\dfrac{d}{L} = \text{konst}$ angesehen werden.

Im Gegensatz zum Ergebnis meiner Untersuchung schließen Gl. 249 und Gl. 250 den Einfluß der Zähigkeit η aus. Ferner legt Gl. 248 bzw. 249 dem Einfluß von λ_{Wand} eine überragende Bedeutung bei, während Gl. 250 λ_{Wand} gar nicht enthält.

Welches sind die Grundlagen dieser Gleichungen? In „Wärmeübergang in Rohrleitungen" L. N. 3 schreibt Nusselt:

„Die Versuche des Verfassers haben gezeigt, daß sich α und damit $\dfrac{\partial T}{\partial \nu}$ darstellen läßt durch ein Produkt von Potenzfunktionen mit den unabhängigen Veränderlichen als Basis und unveränderlichen Exponenten. Wir setzen demzufolge

$$(251) \qquad \frac{\partial T}{\partial \nu} = b\, w^{n_1} d^{n_2} \varrho^{n_3} \lambda_m^{n_4} \eta^{n_5} c_p^{n_6} (T_0 - T_m)''.$$

Aus Dimensionsbetrachtungen ergibt sich aus Gl. 251

$$(252) \qquad \frac{\partial T}{\partial \nu} = \frac{b}{d}\left(\frac{w\,\varrho\,d}{\eta}\right)^n \left(\frac{c_p\,\eta}{\lambda_m}\right)^m (T_0 - T_m)$$

und aus

$$(253) \qquad \alpha = \lambda_{\text{Wand}}\, \frac{\dfrac{\partial T}{\partial \nu}}{T_0 - T_m}$$

die Gl. 248 und damit der überragende Einfluß von λ_{Wand}.

In bezug auf Gl. 250 gibt Nusselt die Ableitung nicht an. Hier müßte der Ansatz lauten:

$$(254) \qquad \alpha = b\, w^{n_1} d^{n_2} \varrho^{n_3} \lambda_m^{n_4} \eta^{n_5} c_p^{n_6} L^{n_7},$$

so daß λ_{Wand} überhaupt nicht in Erscheinung tritt.

Mit Gl. 251 wird die theoretisch nicht zutreffende Annahme gemacht, daß $\dfrac{\partial T}{\partial \nu}$ von λ_{Wand} unabhängig ist, und hierin liegt die Quelle des Widerspruchs mit dem Ergebnis meiner Untersuchung. Nach S. 72 und 73 vorstehender Abhandlung ist

$$(255) \qquad u_1' = \frac{\dfrac{\partial T}{\partial \nu}}{T_0 - T_m} = \text{konst.}\; f\!\left(\frac{\lambda_0}{\lambda_{\text{Wand}}}\right) \quad \text{oder} = \text{konst.}\; \varphi\!\left(\frac{\lambda_m}{\lambda_{\text{Wand}}}\right).$$

Es müßte also auch der Ansatz Gl. 251 den Faktor $\left(\dfrac{\lambda_m}{\lambda_{\text{Wand}}}\right)^{n_7}$ enthalten, und es würde sich statt Gl. 252 ergeben

$$(256) \qquad \frac{\partial T}{\partial \nu} = \frac{b}{d}\left(\frac{w\,\varrho\,d}{\eta}\right)^n \left(\frac{c_p\,\eta}{\lambda_m}\right)^m \left(\frac{\lambda_m}{\lambda_{\text{Wand}}}\right)^q (T_0 - T_m).$$

Diese Gleichung stellt allerdings keine Lösung des Problems dar. Bemerkt sei noch, daß nach S. 71 α bzw. $\dfrac{\partial T}{\partial \nu}$ auch eine Funktion von $\dfrac{\varrho_{\text{Wand}}}{\varrho_0}$ bzw. $\dfrac{\varrho_{\text{Wand}}}{\varrho_m}$ sein muß. Nusselts Ansatz Gl. 251 bzw. 254 kann also nur in solchen Fällen als theoretisch begründet angesehen werden, wenn $\lambda_{\text{Wand}} = \lambda_m$ und $\varrho_{\text{Wand}} = \varrho_m$, d. h. bei verschwindenden Temperaturdifferenzen oder für Flüssigkeiten, deren

Leitfähigkeit und Dichte von der Temperatur unabhängig sind. In diesen Fällen ist bei laminarer Strömung, wie aus Gl. 79 und 83, hervorgeht, der Temperaturverlauf im Rohr und damit α_m abhängig vom Wert der Größe $\dfrac{M}{x} = \dfrac{c_p \varrho\, w\, d^2}{\lambda L}$, so daß

$$(257) \qquad \alpha_m = \frac{\lambda}{d}\, f\left(\frac{c_p \varrho\, w\, d^2}{\lambda L}\right)$$

oder

$$(258) \qquad = b\, \frac{\lambda}{d}\left(\frac{c_p \varrho\, w\, d^2}{\lambda L}\right)^n$$

gesetzt werden darf, wobei jedoch n kein konstanter Exponent ist, sondern mit dem Wert seiner Basis bis auf 0 abnimmt. Die Übereinstimmung mit Nusselts Gl. 249 bzw. 250 besteht also nur in der Form und nicht dem Sinne nach.

In allen Fällen, wenn $\lambda_{\text{Wand}} \gtrless \lambda_m$, oder wenn, wie bei turbulenter Strömung, Wärme nicht durch Leitung allein, sondern auch durch Mischung übertragen wird, so daß für λ_m, wie in Abschnitt F dargelegt, λ_{Kern} gesetzt werden muß, treten vollkommen neue Verhältnisse auf und eine theoretische Grundlage ist für Gl. 248 bzw. 250 außer Dimensionsbetrachtungen überhaupt nicht mehr gegeben.

Desto schärfer muß der Versuchsbeweis erbracht werden, wenn die Gleichung nicht nur als Interpolationsformel für eine gewisse Reihe von Versuchen anzusehen sein, sondern auf allgemeine Geltung Anspruch machen soll. Ist dieser Beweis erbracht?

Nusselt beruft sich allerdings darauf, daß seine Versuche gezeigt haben, daß sich α durch die Gl. 249 wiedergeben läßt. Das ist jedoch nur teilweise zutreffend. Seine Versuche haben nur gezeigt, daß

$$(259) \qquad \alpha = B\,(\varrho w)^n \quad \text{(Gl. 33 a. a. O.)}$$

gesetzt werden kann (Gl. 43 d a. a. O.). Eine Trennung der Variablen c, ϱ, η und λ ist im Versuch gar nicht möglich. Es war daher Nusselt nur möglich, zu prüfen, ob

$$(260) \qquad B = b\, \frac{\lambda_{\text{Wand}}}{\eta^n}\left(\frac{\eta\, c_p}{\lambda_m}\right)^m \quad \text{(Gl. 41 a. a. O.)}$$

gesetzt werden kann, wie es seine Gleichung verlangt. Mit $n = 0{,}786$ mußte sich, wenn Gl. 248 bestätigt sein sollte, für m bei allen Medien ein konstanter Wert ergeben. Wegen der geringen Veränderlichkeit der Stoffwerte λ, c_p und η mit der Temperatur und den verhältnismäßig engen Grenzen der angewandten Temperaturen, war die Prüfung der Gl. 260 an einem Stoff ebenfalls nicht möglich. Die Prüfung an verschiedenen Stoffen ergibt (mit Nusselts Werten aus Zahlentafel 6 a. a. O.) aus:

Leuchtgas/Druckluft $\qquad m = 0{,}70$,
Leuchtgas-Kohlensäure $\quad m = 0{,}52$,
Leuchtgas/Wasserdampf $\;\; m = 0{,}47$.

Diese Zahlen bringen keine Bestätigung, sie sind aber auch „infolge der geringen Veränderung des Wertes $\left(\dfrac{c_p\,\eta}{\lambda}\right)$ für verschiedene Gase" und „der Unsicherheit in der Kenntnis der Leitfähigkeit der Gase" unsicher. Nusselt zieht daher zur angenäherten Festlegung von m den Wärmeübergang an Wasser heran und bestimmt aus Versuchen von Stanton (L. N. 1) aus Wasser/Kohlensäure—Druckluft—Wasserdampf—Leuchtgas den Wert m zu 0,85. Der Beweis scheint erbracht zu sein, weil sich einerseits nach Stantons Gleichung (Gl. 261) $n = 0,84$ ergibt und $m \sim n$ wird, andererseits die Konstanten b in Gl. 248 um nur $\pm 5\,^0/_0$ für alle Stoffe differieren, wenn $m = n = 0,786$ gesetzt wird.

Es ist nach obigem jedoch unzweifelhaft, daß Gl. 249 auch auf Wasser angewandt werden darf. An Wasser ist aber die bei Gasen nicht mögliche Prüfung der Nusseltschen Gleichung an einem Stoff durchführbar. Wir legen wieder die Versuche von Stanton zugrunde. Nach Stanton ist

$$(261)\qquad \alpha = \text{konst.}\,\frac{P^{2-m}}{d^{2-m}}\,w^{n-1}(1 + \gamma\,T_i)(1 + \beta\,t_m)$$

oder unter Einsetzung der entsprechenden Zahlenwerte für die Konstanten m, γ und β und die Funktion P

$$(262)\qquad \alpha = \text{konst.}\,\frac{(1 + 0,004\,T_i)(1 + 0,01\,t_m)}{(1 + 0,0336\,t_m + 0,000\,221\,t_m{}^2)^{0,16}}\cdot\frac{(w\,d)^{0,84}}{d}.$$

Andrerseits läßt sich Gl. 249 für Wasser, da c_p und ϱ mit genügender Annäherung konstant sind, auch schreiben

$$(263)\qquad \alpha = b'\,\frac{(w\,d)^n}{d}\cdot\lambda^{1-n},$$

wenn $T_i = t_m$ gesetzt wird, so daß auch sein muß

$$(264)\qquad \frac{(1 + 0,004\,T_i)(1 + 0,01\,t_m)}{(1 + 0,0336\,t_m + 0,000\,221\,t_m{}^2)^{0,16}} = b''\,\lambda^{1-n}.$$

Für $T_i = t_m = 10^0$ C wird die linke Seite dieser Gleichung zu 1,09,
„　$T_i = t_m = 70^0$ C 　„ 　„ 　„ 　„ 　„ 　„ 　„ 1,79.

Es wird also

$$(265)\qquad \left(\frac{\lambda_{70^0}}{\lambda_{10^0}}\right)^{0,16} = 1,64$$

und damit

$$(266)\qquad \frac{\lambda_{70^0}}{\lambda_{10^0}} = \sim 20,$$

was nach Jacob (s. Gl. 56) völlig unmöglich ist.

Ich kann auf meine vorstehend beschriebenen Versuche verweisen, bei denen ich für Wasser ganz ähnliche Veränderungen von α mit der Temperatur fand, wie sie sich nach Stantons Gleichung ergeben.

Damit ist bewiesen, daß Nusselts Gleichung für Wasser nicht anwendbar ist. Damit ist aber auch Nusselts Beweisführung — die allgemeine Bestätigung seiner Gleichung durch den Versuch — hinfällig. Nusselts Gleichung ist also lediglich eine empirische Gleichung, die seine Versuche mit Gasen wiedergibt, aber keine Gleichung, die allgemein den Einfluß der Leitfähigkeitszahlen λ_{Wand} und λ_m oder der Zähigkeit η quantitativ für alle Medien festlegt.

Unter diesen Umständen dürfte nichts im Wege stehen, im Nenner von Nusselts Gleichungen λ_{Wand} für λ_m zu setzen und somit zu schreiben

$$(267) \qquad \alpha = b\,\frac{\lambda_{\text{Wand}}}{d}\left(\frac{c_p\,\varrho\,w\,d}{\lambda_{\text{Wand}}}\right)^{n} \qquad \text{und}$$

$$(268) \qquad \alpha = b'\,\frac{\lambda_{\text{Wand}}}{d}\left(\frac{c_p\,\varrho\,w\,d}{\lambda_{\text{Wand}}}\right)^{n}\left(\frac{d}{L}\right)^{p}.$$

λ_m in Gl. 222 ist dann durch $(c_p\,\varrho\,w\,d)$ ersetzt — in Übereinstimmung mit meinen Ausführungen in Abschnitt II F 2.

Schlußwort.

Die Auswertung meiner Versuche hat erwiesen, daß im Gegensatz zu Stanton und besonders zu Soennecken der mittleren Temperatur der Flüssigkeit ein überragender Einfluß auf den Wärmeübergang zukommt, gegen den der Einfluß der Temperatur der an die Rohrwand grenzenden Schichten der Flüssigkeit weit zurücktritt. Die theoretische Untersuchung hat dieses Ergebnis bestätigt. Damit war der Zweck der Versuche erfüllt. Nebenbei haben die Versuche das interessante Ergebnis gebracht, daß α bei Wasser nicht als Produkt der Veränderlichen mit konstanten Exponenten dargestellt werden kann, daß vielmehr der Exponent der Geschwindigkeit eine Funktion der Temperatur ist; ferner, daß bei relativ geringen Strömungsgeschwindigkeiten $\left(\dfrac{w}{d} < 25\ \mathrm{sec}^{-1}\right)$ Erscheinungen auftreten können, welche die Proportionalität zwischen übertragener Wärmemenge und Temperaturdifferenz aufheben.

Die theoretische Untersuchung hat die Notwendigkeit gezeigt, zur restlosen Erforschung des Wärmeübergangsproblems statt des üblichen α-Wertes einen neuen σ-Wert als Wärmeübergangszahl zu ermitteln. Hierzu ist es erforderlich, mindestens die Temperatur der Flüssigkeit in der Rohrachse festzustellen. Wenn daher bei Versuchen zu Forschungszwecken grundsätzlich die punktweise Temperaturmessung über dem Rohrquerschnitt ausgeführt werden wird, so glaube ich, daß der durch solche Messungen zu gewinnende Einblick in die Verhältnisse im Inneren von strömenden Flüssigkeiten wertvolle Aufschlüsse geben wird, nicht nur in bezug auf das Wärmeübergangsproblem, sondern auch über den Mechanismus und das Wesen der turbulenten Strömung überhaupt, und zwar durch den Aufschluß über die Größe des Wärmetransportes τ und deren Veränderung über den Rohrquerschnitt.

Literaturnachweis.

1. **Stanton, T. E.**: „On the passage of heat between metal surfaces“. Phil. Trans. of the Royal Soc. **190**, S. 67, 1897.

2. **Soennecken, A.**: „Der Wärmeübergang von Rohrwänden an strömendes Wasser“, Forsch.Arb. Heft 108/109.

3. **Nusselt, W.**: „Der Wärmeübergang in Rohrleitungen“ (Forsch.Arb. Heft 89) und Z.V.d.I. 1909, S. 1750.

4. **Nusselt, W.**: „Die Abhängigkeit der Wärmeübergangszahl von der Rohrlänge“, Z.V.d.I. 1910, S. 1154.

5. **Nusselt, W.**: „Der Wärmeübergang im Rohr“, Z.V.d.I. 1917, S. 685.

6. **Josse**: „Versuche über den Wärmeübergang von Dampf an Kühlwasser“, Mittl. a. d. Masch. Labor. der T. H. Berlin, Verlag Oldenbourg.

7. **Jacob, Max**: „Bestimmung der Wärmeleitfähigkeit des Wassers im Bereich von 0 bis 80°“, Ann. d. Phys. **63**, S. 577, 1920.

8. **Gröber, H.**: „Wärmeübergang von heißer Luft an Rohrwandungen“, Forsch.Arb. Heft 180.

9. **Reynolds, O.**: „On the Motion of Water and the Law of Resistance in Parallel Channels“, Phil. Trans. of the Royal Soc. **174**, S. 935, 1883.

10. **Barnes u. Coker**: „The Flow of Water through Pipes“. Proc. of the Royal Soc. **74**, Nr. 503.

11. **Ruckes**: „Untersuchungen über den Ausfluß komprimierter Luft“, Forsch. Arb., Heft 75.

12. **Föppl, A.**: „Vorlesungen über technische Mechanik“, Bd. IV, Abschnitt 6, Hydrodynamik.

13. **Jahnke u. Emde**: „Funktionentafeln“, Teubner 1909.